"互联网＋教育"新形态一体化系列教材

# 计算机组装与维护项目化教程

主　编　杨丽萍　马鸿雁　杨其正
副主编　姚学峰　黄美益　覃金柳　洪　浩
孙文东　徐则阳　刘先花

合肥工业大学出版社
HEFEI UNIVERSITY OF TECHNOLOGY PRESS

图书在版编目（CIP）数据

计算机组装与维护项目化教程 / 杨丽萍，马鸿雁，杨其正主编．—合肥：合肥工业大学出版社，2022.10

ISBN 978-7-5650-6081-6

Ⅰ．①计… Ⅱ．①杨… ②马… ③杨… Ⅲ．①电子计算机—组装—教材②计算机维护—教材 Ⅳ．① TP30

中国版本图书馆 CIP 数据核字 (2022) 第 182697 号

计算机组装与维护项目化教程

JISUANJI ZUZHUANG YU WEIHU XIANGMUHUA JIAOCHENG

杨丽萍　马鸿雁　杨其正　主编

责任编辑　张　慧
出版发行　合肥工业大学出版社
地　　址　（230009）合肥市屯溪路 193 号
网　　址　www.hfutpress.com.cn
电　　话　人文社科出版中心：0551-62903205
　　　　　营销与储运管理中心：0551-62903198
规　　格　787 毫米 ×1092 毫米　1/16
印　　张　12.5
字　　数　158 千字
版　　次　2022 年 10 月第 1 版
印　　次　2022 年 10 月第 1 次印刷
印　　刷　廊坊市广阳区九洲印刷厂
书　　号　ISBN 978-7-5650-6081-6
定　　价　46.00 元

# Preface 前言

“计算机组装与维护”是一门实践性很强的课程，也是计算机专业技术中的一门基础技术。随着中国计算机行业的迅猛发展，计算机已经开始大规模向边远城镇和农村地区扩展，但是很多用户对计算机的硬件、软件知识了解有限，因此，在选择计算机及其配件的时候具有一定的盲目性，这时候就急需专业人员为用户的装机配置提供有效方案，并对计算机的售后提供服务。为了提升计算机相关专业人员的综合服务能力，我们编写了《计算机组装与维护项目化教程》。

本书以计算机组装与维护为主线，采用项目化的编排方式，将教学内容分为 11 个项目，包括计算机系统的组成和原理、计算机硬件选购、计算机组装、BIOS 设置、硬盘分区及格式化、操作系统安装、驱动程序安装及常用软件使用、计算机性能测试与优化、系统备份与还原、计算机日常维护、服务器维护。每个项目包含若干个学习任务，每个学习任务由“任务导入”“任务提要”“任务实施”3 个环节组成。本书遵循“理论够用，重在实践”的教学原则，结合本课程特点，采取基础知识与实际操作紧密结合的方式，将重点放在对基础知识和操作技能的讲解上，突出时效性、实用性、可操作性，注重对学生创新能力、实践能力和自学能力的培养。本书内容选择得当、条理清晰、图文并茂、浅显易懂，可作为高等院校相关专业的教材，也可作为各类计算机培训机构的培训教材，还可作为计算机维护维修技术人员、DIY 爱好者的自学参考用书。

学生通过对本书的学习，可以培养过硬的计算机组装、系统安装、维护、维修，以及优化系统的能力，能够独立安装、维护计算机；可以消除对计算机系统的惧怕感，从而敢于打开机箱，动手拆装，出现故障能够自己处理。

学生通过对本书的学习，可以达到以下目标：

### 1. 知识教学目标

（1）了解计算机各部件的类型、性能和组成；

（2）掌握计算机各部件的选购、安装方法；

（3）了解微型计算机系统的设置、调试、优化及升级方法；

（4）了解微型计算机系统常见故障形成的原因及处理方法。

### 2. 能力培养目标

（1）能根据用户需求合理选择计算机系统配件；

（2）能熟练组装一台微型计算机并进行必要的测试；

（3）能熟练安装计算机操作系统和常用应用软件；

（4）学会初步诊断微型计算机系统常见故障，并能进行简单的升级维修。

### 3. 思想教育目标

（1）具有严谨、求实的学风和职业理想；

（2）树立正确的专业认知和态度，具备良好的专业素质；

（3）具备精益求精的工作态度和敬业精神。

由于编者能力有限，本书虽然经过反复讨论和修正，但是疏漏与不足之处仍在所难免，敬请广大读者给予批评指正，使之不断完善。

编者

# Contents 目录

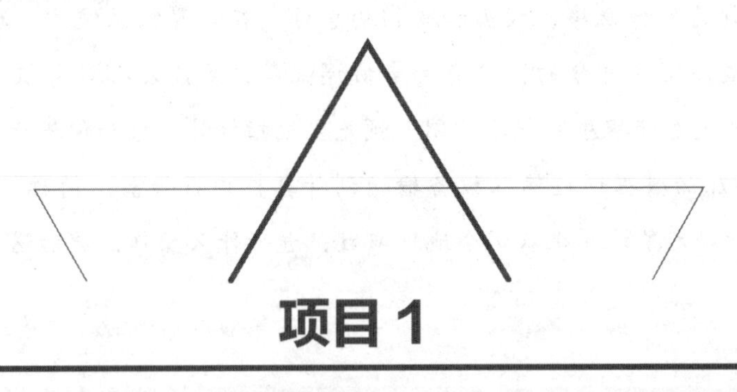

# 项目 1

# 计算机系统的组成和原理

## 项目简介

一个完整的计算机系统由硬件系统和软件系统两部分组成。硬件系统是组成计算机系统的各种物理设备的总称，是计算机系统的物质基础，包括中央处理器（Central Processing Unit，CPU）、存储器、输入/输出设备等。软件系统是为运行、管理和维护计算机而编制的各种程序、数据和文档的总称。在计算机系统中，硬件系统和软件系统是相辅相成、密不可分的，只有两者协调配合，才能发挥计算机的强大功能。计算机的基本原理是存储程序和程序控制。预先要把指挥计算机如何进行操作的指令序列（称为程序）和原始数据通过输入设备输送到计算机内存储器（简称“内存”）中。每一条指令中明确规定了计算机从哪个地址取数，进行什么操作，然后送到什么地址去等步骤。

## 知识目标

1. 掌握计算机系统的组成部分及其功能。
2. 能对计算机常见硬件进行识别。
3. 了解计算机硬件和软件之间的关系。
4. 掌握计算机软件系统的两个组成部分。
5. 了解计算机的工作原理。

## 能力目标

1. 能够阐述计算机的工作原理。
2. 了解计算机的应用范围。

# 任务 1 认识计算机系统

## 1.1 任务导入

小李同学是一名大学一年级新生，虽然平常能使用计算机上网看电影、玩游戏、聊天，但他并不清楚计算机系统包括哪些部分，也不了解主机箱内都有哪些设备，分别有什么功能，你能给小李同学解释一下吗？

## 1.2 任务提要

从外观上看，计算机由主机箱、显示器、键盘、鼠标组成。而一个完整的计算机系统是由硬件系统和软件系统组成。同时，计算机系统中可以安装不同的操作系统和各类应用软件。

## 1.3 任务实施

计算机系统由硬件系统和软件系统组成。根据冯·诺依曼提出的计算机结构体系，计算机硬件系统由运算器、控制器、存储器、输入设备和输出设备组成。软件系统由系统软件和应用软件两个部分组成。计算机硬件是计算机系统的物质基础，其性能决定计算机软件的运行速度和显示效果等；计算机软件是硬件的扩充和完善，是计算机系统的“大脑”，没有软件的计算机称为“裸机”，而裸机是无法工作的。只有将硬件系统和软件系统有机地结合起来，才能构成完整的、有活力的计算机系统，如图 1.1 所示。

### 1. 主机

主机是指计算机除去输入、输出设备以外的主要部分。通常包括中央处理器、主板、内存储器、硬盘、光驱、电源，以及其他输入输出控制器和接口。

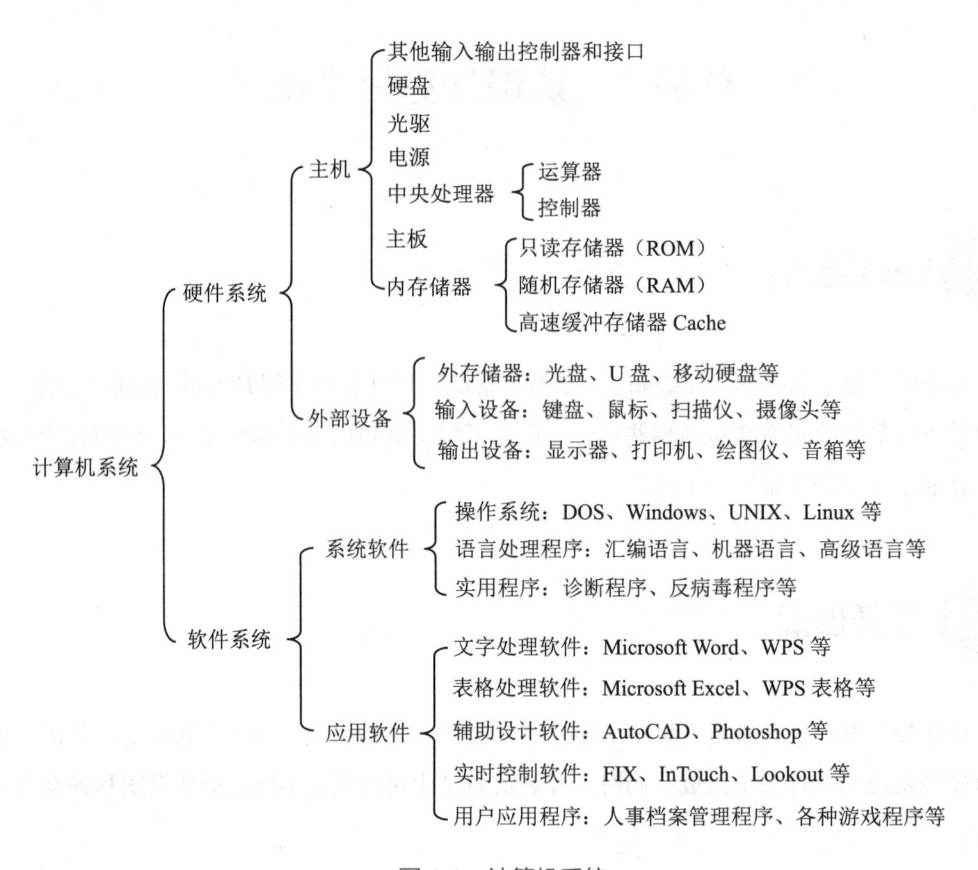


图 1.1　计算机系统

### 2. 外部设备

外部设备简称“外设”，是计算机系统中输入设备、输出设备和外存储器的统称，对数据和信息起着传输、转送和存储的作用，是计算机系统中的重要组成部分。外部设备涉及主机以外的所有设备，是附属的或辅助的与计算机连接起来的设备。外部设备能扩充计算机系统。

（1）主要的输入设备包括键盘、鼠标、摄像头和扫描仪等。

（2）主要的输出设备包括显示器、音箱和打印机等。

（3）主要的外存储器包括 U 盘、移动硬盘、光盘等。

### 3. 系统软件

系统软件是指控制和协调计算机及外部设备，支持应用软件开发和运行的系统，是无须用户干预的各种程序的集合，主要功能是调度、监控和维护计算机系统；负责管理计算机系统中各种独立的硬件，使得它们可以协调工作。系统软件主要包括：

（1）操作系统；

（2）各种语言处理程序；

（3）各种实用程序。

### 4. 应用软件

应用软件是用于解决各种实际问题，以及实现特定功能的程序。主要包括：

（1）文字处理软件；

（2）表格处理软件；

（3）辅助设计软件；

（4）实时控制软件；

（5）用户应用程序。

# 任务 2　计算机的工作原理

## 2.1 任务导入

小李同学知道使用鼠标单击可以选定一个对象，双击可以运行一个程序；通过键盘可以输入数字和字符，当我们给计算机发出具体“指令”后，计算机究竟是如何工作的呢？

## 2.2 任务提要

如何调用内存处理指令，如何识别并运行指令，多条指令的运行方式是什么。

## 2.3 任务实施

冯·诺依曼，美籍匈牙利数学家，被后人称为“现代电子计算机之父”，主要是因为其对计算机设计提出的几点重要思想并成功将其运用。在电子数字积分计算机（Electronic Numerical Integrator and Computer，ENIAC）的研制过程中，人们已经意识到 ENIAC 存在明显的缺陷：一是没有存储器；二是用布线接板进行控制，电路连接烦琐耗时，ENIAC的计算速度也就被这一工作抵消了。ENIAC 研制组的莫克利和埃克特显然也意识到了，他们也想尽快着手研制另一台计算机，以便改进。在这种背景下，冯·诺依曼加入了研制小组，并在共同讨论的基础上，由冯·诺依曼撰写了“存储程序控制”的通用电子计算机方案，此方案中详细阐述了新型计算机的设计思想，奠定了现代计算机的发展基础。最终设计创造了电子离散变量自动计算机 Electronic Discrete Variable Automatic Computer EDVAC。冯·诺依曼在此方案中主要提到了以下 3 点。

图 1.2　冯·诺依曼

（1）计算机中程序和数据采用二进制：采用二进制可使运算电路简单，体积小并且易于用电子元器件实现。由于实现两个稳定状态的机械或电容元件很容易找到，机器的可靠性也大幅提高。

（2）采用“存储程序”思想：程序和数据都以二进制的方式统一存放在存储器中，由机器自动执行。运用编制不同的程序来解决不同的方法，从而实现计算机通用计算的功能。

（3）计算机硬件系统分为 5 个部分：运算器、控制器、存储器、输入设备和输出设备，如图 1.3 所示。

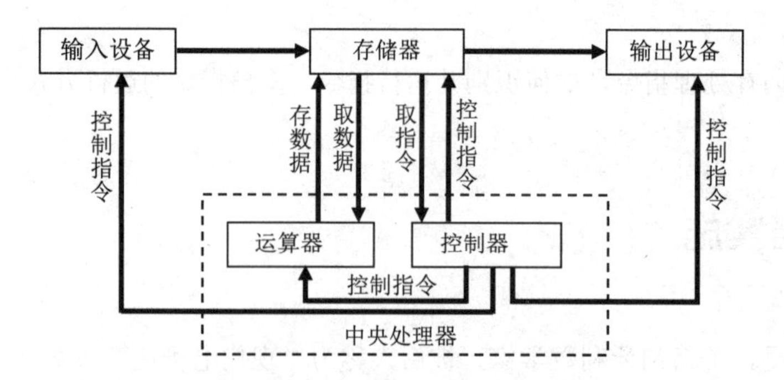


图 1.3　冯·诺依曼式计算机的硬件系统组成

虽然现在的计算机系统从性能指标、运算速度、工作方式、应用领域和价格等方面与当时的计算机有很大的差别，但基本体系结构没有变，都属于“冯·诺依曼式计算机”。

计算机在运行时，先从内存中取出第 1 条指令，通过控制器的译码，按指令的要求，从存储器中取出数据进行指定的运算和逻辑操作等加工，然后再按地址把结果送到内存中去。接下来，再取出第 2 条指令，在控制器的指挥下完成规定操作。依次进行下去，直至遇到停止指令。

以图 1.4 为例，指令的执行过程具体分为以下 4 个步骤。

（1）取指令：按照程序计数器中的地址（0100H），从内存储器中取出指令（050250H），并送往指令寄存器。

（2）分析指令：对指令寄存器中存放的指令（050250H）进行分析，由译码器对操作码（05H）进行译码，将指令的操作码转换成相应的控制电位信号；由地址码（0250H）确定操作数地址。

（3）执行指令：由操作控制线路发出完成该操作所需要的一系列控制信息，去完成该指令所要求的操作。

（4）一条指令执行完成，程序计数器加 1 或将转移地址码送入程序计数器。

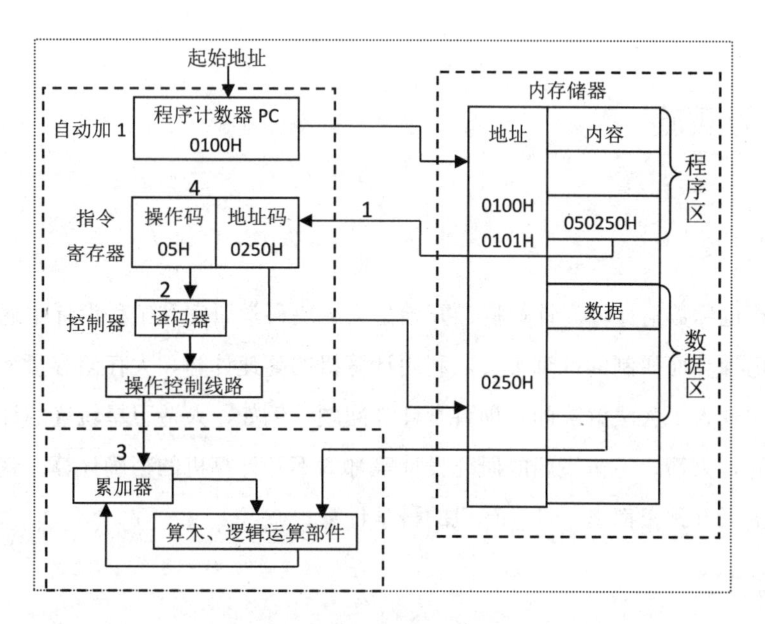


图 1.4　指令的执行过程

计算机在运行时，CPU 从内存中读出一条指令到 CPU 内执行，指令执行完，再从内存中读出下一条指令到 CPU 内执行。CPU 不断地取指令、分析指令、执行指令就是程序的执行过程，即计算机的工作过程。

# 任务3　计算机的应用

## 3.1 任务导入

小李同学知道计算机可以让大家的生活更加丰富多彩，也能让我们的学习更加方便。除了这些以外，计算机还能应用在哪些方面呢？

## 3.2 任务提要

1946年问世的第一台电子计算机，设计之初是用来计算炮弹弹道轨迹的。随着计算机的发展和普及，计算机的应用已渗透到社会的各个领域，正在改变着人们的工作、学习和生活的方式，推动着社会的发展。

## 3.3 任务实施

### 1. 科学计算

科学计算也称数值计算。计算机最开始是为解决科学研究和工程设计中遇到的大量数学问题的数值计算而研制的计算工具。利用计算机的高速计算、大存储容量和连续运算的能力，可以实现人工无法解决的各种科学计算问题。例如，人造卫星轨迹的计算，房屋抗震强度的计算，火箭、宇宙飞船的研究设计等都离不开计算机的精确计算。就连我们每天收听、收看的天气预报都离不开计算机的科学计算。

### 2. 数据处理

数据处理（也称为信息处理）是以数据库管理系统为基础，辅助管理者提高决策水平，改善运营策略的计算机技术。数据处理具体包括数据的采集、存储、加工、分类、排序、检索和发布等一系列工作。据统计，80%以上的计算机主要应用于信息管理，成为计算机应用的主导方向。信息管理已广泛应用于办公自动化、企事业计算机辅助管理与决策、图书管理、电影电视动画设计、会计电算化等各行各业。信息处理就是对数据进行收集、分类、排序、存储、计算、传输、制表等操作。

### 3. 过程控制

过程控制是利用计算机实时采集数据、分析数据，按最优值迅速地对控制对象进行自动调节或自动控制。采用计算机进行过程控制，不仅可以大大提高控制的自动化水平，而且可以提高控制的时效性和准确性，从而改善劳动条件、提高产量及合格率。因此，计算机过程控制已在机械、冶金、石油、化工、电力等部门得到广泛的应用。

### 4. 计算机辅助技术

计算机辅助设计是利用计算机系统辅助设计人员进行工程或产品设计，以实现最佳设计效果的一种技术，包括 CAD、CAM、CAI 和 CIMS 等。

（1）CAD（Computer Aided Design，计算机辅助设计）是利用计算机系统辅助设计人员进行工程或产品设计，以实现最佳设计效果的一种技术。计算机辅助设计技术已应用于船舶设计、建筑设计、机械设计、大规模集成电路设计等。

（2）CAM（Computer Aided Manufacturing，计算机辅助制造）是使用计算机辅助人们完成工业产品的制造任务。

（3）CAI（Computer Aided Instruction，计算机辅助教学）是利用计算机系统进行课堂教学。

（4）CIMS（Computer Integrated Manufacturing Systems，计算机集成制造系统）是通过计算机技术，并综合运用现代管理技术、制造技术、信息技术、自动化技术、系统工程技术，将企业生产全部过程中有关的人、技术、经营管理三要素及其信息与物流有机集成并优化运行的复杂的大系统。

### 5. 人工智能

人工智能（Artificial Intelligence，AI）是指计算机模拟人类某些智力行为的理论、技术和应用。例如，用计算机模拟人脑的部分功能进行思维学习、推理、联想和决策，使计算机具有一定的“思维能力”。我国现已开发成功一些中医专家诊断系统，可以模拟名医给患者诊病开方。此外，机器人也是计算机人工智能的典型例子。

### 6. 多媒体应用

随着电子技术特别是通信和计算机技术的发展，人们已经有能力把文本、音频、视频、动画、图形和图像等各种媒体综合起来，构成一种全新的概念——“多媒体”（Multimedia）。例如 flash 广告、网页游戏等。在医疗、教育、银行、出版等领域，多媒体的应用发展很快。

### 7. 计算机网络

计算机网络是由一些独立的和具备信息交换能力的计算机互联构成、以实现资源共享的系统。例如，在全国范围内的银行信用卡的使用、火车和飞机票务系统的使用等。

项目2

# 计算机硬件选购

## 项目简介

通过项目一的学习，同学们已经掌握了计算机硬件系统是由运算器、控制器、存储器、输入设备和输出设备五大部分组成。但这五大部分中的各种硬件是什么形状、有什么品牌、提供了什么样的接口等常识也非常重要。本项目详细地介绍了各硬件的主流品牌和相关参数、选购硬件的方法，以及设计硬件选购方案等。

## 知识目标

1. 认识计算机中各种硬件。
2. 熟悉各种硬件的主要性能指标。
3. 熟悉各种硬件的选购方法和技巧。
4. 熟悉各种硬件的主流品牌。

## 能力目标

1. 掌握主要硬件的选购方法。
2. 掌握分辨产品真伪的方法。
3. 掌握设计硬件选购方案的方法。

# 任务 1　计算机硬件选购

## 1.1 任务导入

为了更好地利用课余时间来学习程序设计，小李同学打算购买一台计算机，在获得家人的同意和支持后，开始进行选购。虽然小李同学的理论知识不错，对计算机系统的组成和原理都比较了解，但面对市场上陌生的品牌厂商、高低不同的价格，一时之间也不知如何选择。

## 1.2 任务提要

计算机硬件系统由五大部分组成，每一部分硬件又包括不同的生产厂商和具体型号。由于普通用户对市场上琳琅满目的硬件专业知识不是非常了解，对硬件价格也不是很清楚，往往在计算机硬件选购过程中容易被欺骗。其实计算机硬件系统就像一支足球队，每个“队员”都在自己熟悉的位置为“球队”拼搏。如果“团队”之间没有默契配合和相互协作，即使某一个“队员”有超级球星的“超能力”，对于球队来讲也是于事无补。因此，怎样才能选购一台适合自己的计算机呢？这就需要掌握计算机硬件的选购知识，把握计算机硬件选购原则，才能选购出适合自己的计算机。

但是，不管选购什么样的硬件，都要了解“一分价钱一分货”的道理，价格越贵的硬件往往其性能越强、功能越多，在诸多方面都会优于价格便宜的硬件。

## 1.3 任务实施

在硬件选购时，首先应该了解用户的实际需求和计算机的用途；再根据用户的预算和定位确定硬件选购的档次，在选购过程中要注意硬件之间兼容性的问题，尽量选择性价比高的主流厂商的产品。

### 1. 选购 CPU

CPU（Central Processing Unit）是中央处理器的简称，之所以把认识和选购 CPU 放在第一步，是因为不同的 CPU 需要搭配带有不同芯片组的主板，如果先选择了主板，就等于限制了 CPU 的选择。CPU 的外观如图 2.1 所示。

图 2.1　CPU 的外观

目前市场上主流的 CPU 以 Intel 和 AMD 两家生产厂商的产品为主，它们生产的 CPU 性能和性价比也不完全相同。在选购 CPU 时，需要根据 CPU 的用途和性价比进行选择，以下是 CPU 选购时的注意事项。

（1）选购 CPU 时，需要根据 CPU 的性价比及用途等因素进行选择。

原则一：对于计算机性能要求不高的用户，可以选择一些较低端的 CPU 产品，如 Intel 的酷睿 i3 系列，AMD 的 Ryzen3 系列等。

原则二：对计算机性能有一定要求的用户，可以选择一些中低端的 CPU 产品，如 Intel 的酷睿 i5 系列，AMD 生产的 Ryzen5 系列等。

原则三：对于普通游戏玩家、图形图像设计人员等对计算机有较高要求的用户，应该选择高端的 CPU 产品，如 Intel 生产的酷睿 i7 系列，AMD 生产的 Ryzen7 产品等。

原则四：对于游戏发烧玩家则应该选择最先进的 CPU 产品，如 Intel 公司生产的酷睿 i7、i9 系列，AMD 公司生产的 Ryzen9 核心产品，以及推土机 FX 系列。

（2）CPU 要识别真伪，可通过厂商官方网站进行验证，如图 2.2 所示。

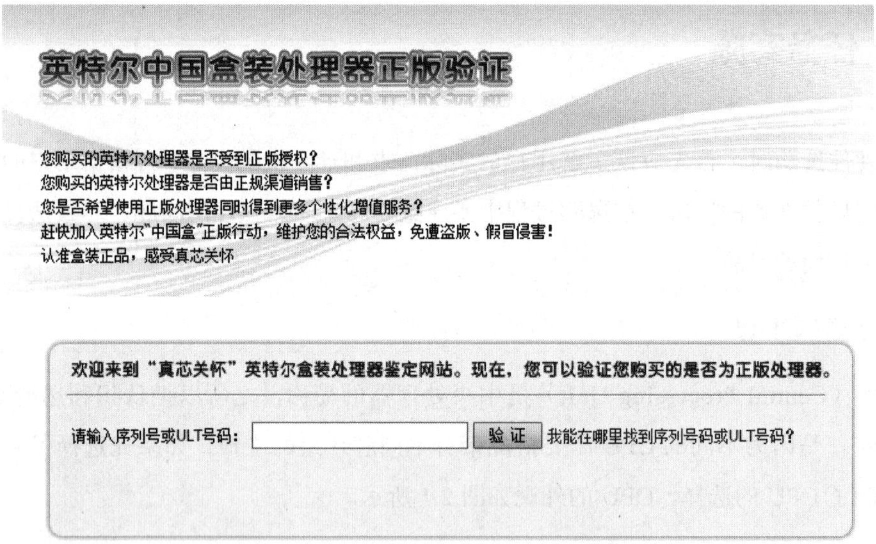

图 2.2　英特尔中国盒装处理器鉴定网站

## 2. 选购主板

主板（Mainboard）也称为母板（Mother Board）或系统板（System Board），它是机箱中最重要的部件之一，如图 2.3 所示。

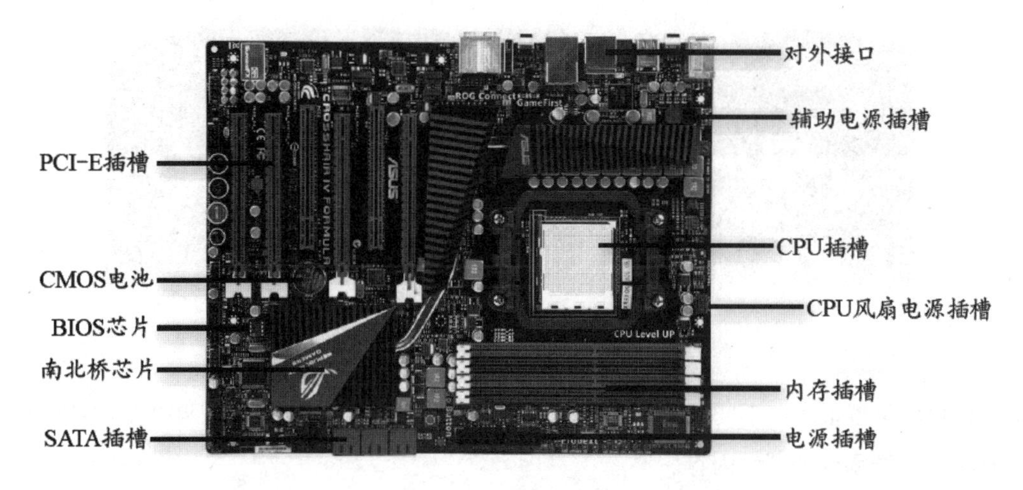


图 2.3　主板的外观

主板的一线品牌有华硕、微星等，二、三线品牌有华擎、昂达、铭瑄、七彩虹、盈通、映泰等。目前英特尔的芯片有 H110、B150、Z170 型号主板上的 6 代的 CPU，最新有 Z590、Z690 等；AMD 新主板芯片有 A320、B350、X370。目前市场上常见的主板结构有 ATX（Advanced Technology Extended）主板（俗称标准大板）、Micro ATX（俗称紧凑型主板，也叫小板）和 Mini-ITX。如果插显卡不多，建议选用小板。主板决定着计算机整体的稳定性，其性能参数是选购主板时需要认真查看的主要项目。选购主板主要从以下几方面进行考虑：

（1）用途：选购主板的第一步应该是根据用户的用途进行选择，如游戏发烧友和图形图像设计人员，需要选择价格较高的高性能主板。

（2）扩展性：由于主板不需要升级，所以应把扩展性作为首要考虑的问题。

（3）性能指标：主板的性能指标非常容易获得。选购时，可以在同样的价位下对比不同主板的性能指标，或者在同样的性能指标下对比不同价位的主板，这样就能获得性价比较好的产品。

### 3. 选购内存

内存（Memory）又被称为主存或内存储器，其功能是用于暂时存放 CPU 的运算数据以及与硬盘等外部存储器交换的数据。内存的大小是决定计算机运行速度的重要因素之一。建议选金士顿和威刚品牌的内存，其中，金士顿市场占有率最高。现在主流的是第 4 代的 DDR4 和第 5 代的 DDR5 内存条，如图 2.4 所示。主流内存的频率是 3200MHz 和 4800MHz，现今流行的内存配置为 16GB 和 8GB，建议选择 16GB 内存。

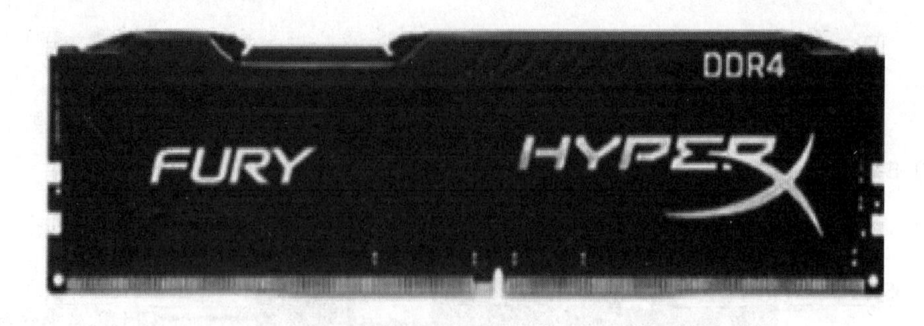


图 2.4　DDR4 内存条

内存的类型很多，不同类型的主板支持不同类型的内存，因此在选购内存时需要考虑所选主板支持哪种类型的内存。

用户在选购内存时，需要结合查看生产工艺是否精致、金手指是否完整、是否为电镀金、厂商 LOGO 防伪功能，以及防伪标签等方法。进行真伪的辨别，避免购买到“水货”或者“返修货”。具体方法如下：

（1）查看产品的防伪标记。查看内存电路板上有没有内存模块厂商的明确标识，其中包括查看内存包装盒、说明书、保修卡的印刷质量。最重要的是要留意是否有该品牌厂商宣传的防伪标记。

（2）查看内存条的做工。第一，观察内存颗粒上的字母和数字是否清晰且有质感；第二，查看内存颗粒芯片的编号是否一致，有没有打磨过的痕迹；第三，必须观察内存颗粒四周的管脚是否有补焊的痕迹；第四，查看电路板是否干净整洁。

（3）上网查询。很多计算机经销商会为顾客提供查看所买内存真伪的网络平台。

（4）软件测试。现在有很多针对内存测试的软件，在配置计算机时对内存条进行现场测试，也会清楚地发现所购买的内存是否为真品。

### 4. 选购硬盘

硬盘（Hard Disk）作为重要的计算机部件，应用十分广泛。从原理角度，硬盘可分为机械硬盘、固态硬盘和混合硬盘（机械硬盘与固态硬盘的结合体）。在选购硬盘时应注意以下 3 个选购指标。

（1）容量：硬盘容量是选购硬盘的主要性能指标之一，包括总容量、单碟容量、盘片数 3 项参数。

（2）接口：目前，机械硬盘的接口的类型主要是 SATA（Serial ATA）。即串行 ATA。SATA 接口提高了数据传输的可靠性，还具有结构简单、支持热插拔的优点。目前主要使用的 SATA 包含 2.0 和 3.0 两种标准接口，SATA 2.0 标准接口的数据传输速率可达到

300 MB/s，SATA 3.0 标准接口的数据传输速率可达到 600 MB/s。常见的固态硬盘接口是 SATA 和 M.2，如果主板支持，建议选择速度更快的 M.2 接口的固态硬盘。

（3）数据传输速率：数据传输速率是衡量硬盘性能的重要指标之一，包括缓存、转速和平均寻道时间 3 项参数。

机械硬盘的主要生产厂商为希捷和西部数据两大品牌，建议选择容量在 1 TB 以上的型号，硬盘容量对传输速率没有什么影响，只影响存储数据的多少。机械硬盘的正反面如图 2.5 所示，内部结构如图 2.6 所示。

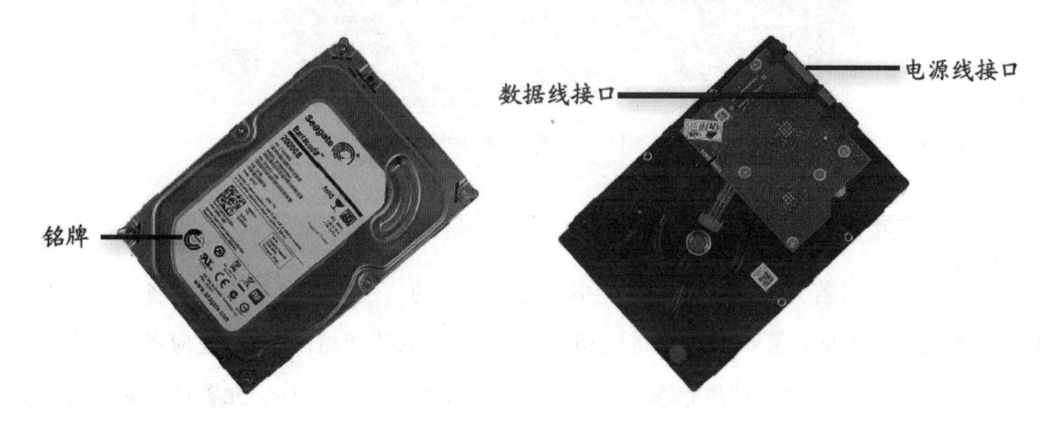


图 2.5　机械硬盘外观

图 2.6　机械硬盘内部结构

固态硬盘品牌有很多，Intel 的固态硬盘外观如图 2.7 所示。建议在一线的英特尔、三星和二线的金士顿、威刚、影驰等品牌中选择。如果是家庭用或者普通办公用，且存储数据不多，可以就安装一块固态硬盘；如果是设计人员使用或者存储数据偏多，建议使用机械硬盘，或者固态硬盘和机械硬盘搭配使用。

图 2.7　固态硬盘外观

## 5. 选购显卡

在选购显卡时若只追求显卡的性能指标是不正确的，还应综合考虑显卡各方面的综合信息。首先，应根据计算机的用途选购相应的高、中、低档产品；其次，还应考虑显存（显示内存）的容量、类型和速度；最后，考虑显卡的品牌、显示芯片、元器件及做工等。显卡外观如图 2.8 所示。

图 2.8　显卡外观

目前市面上知名的显卡品牌有华硕、影驰、七彩虹、技嘉、微星、蓝宝石、迪兰、盈通、讯景等。主流独立显卡芯片的厂商主要有 AMD 和 NVIDIA。AMD 公司的显卡（A 卡）和 NVIDIA 公司的显卡（N 卡）相比较：同等性能下，A 卡流处理器数量多，画面处理效果更好，但价格也略高，适合欣赏高清电影、处理高画质图像等；N 卡显频更高，动态显示能力更强，价格也便宜，适合玩大型游戏。

如果用户的计算机一般是用来学习、打字、上网、玩一般的游戏等，那么选择 1 000 元以内的低端显卡即可，显存容量有 1 GB 即可；如果是经常玩各种游戏，但不苛求运行速度，那么可选择价格在 1 000 ～ 3 000 元左右的中端显卡，显存容量一般有 2 GB 即可；如果需要流畅地运行大型 3D 游戏或进行专业图形图像制作，最好选择专业显卡，即价格在 3 000 元以上的高端显卡，显存容量最好是 4 GB 以上。

在选择显卡时，应尽量选择 256 ～ 512 位显存位宽的显卡。由于显存位宽对显卡性能的影响要比显存容量的影响大，因此，应该优先考虑大显存位宽的产品。

显卡的两个核心部件 —— 芯片和显存，其发热量都非常大，如果计算机使用时得不到及时的散热，将影响整个显卡的稳定性，甚至导致这两个关键部件的损坏。目前，优质的显卡都采用大面积的散热片和大功率风扇，使显卡的芯片和显存产生的热量能够及时地散发出去。

### 6. 选购电源

电源品牌众多，如海盗船、安钛克、全汉、台达、振华、酷冷至尊、TT、海韵、EVGA、航嘉、长城等都算是不错的一线产品之选，当然对于入门级电源，也可以考虑性价比高的先马、金河田、爱国者、大水牛、鑫谷等品牌。选择多大功率的电源主要看选择什么显卡，比如 GTX1060，至少要选用额定功率为 400W 的电源，如图 2.9 所示。

图 2.9　电源

### 7. 选购机箱

机箱一般为矩形框架结构，主要用于为主板、各种输入卡或输出卡、硬盘驱动器、光盘驱动器、电源等部件提供安装支架，如图 2.10 所示。用户根据自己的需要和喜好选购机箱即可，但是建议选择厚一些的板材；如果要装水冷的话，就要选购支持水冷的机箱。

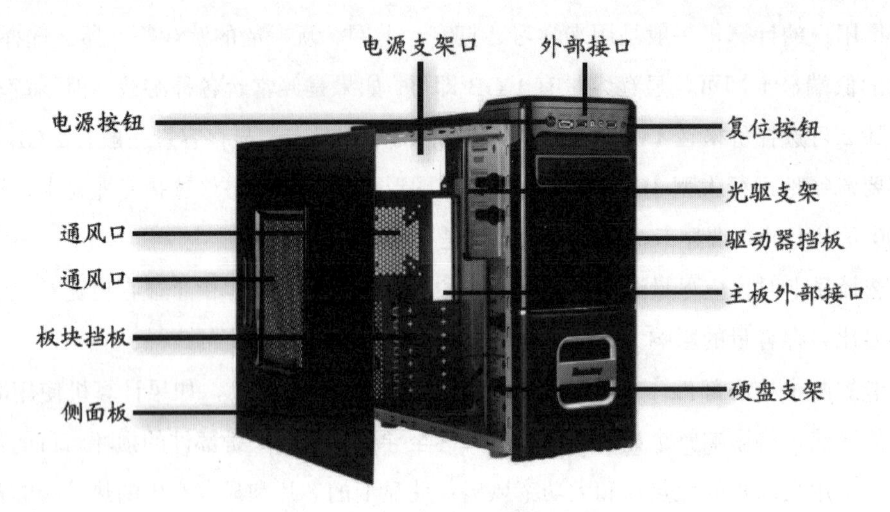


图 2.10　机箱外观和内部结构

### 8. 选购键盘、鼠标

虽然 PS2 接口依然顽强地活着，但也只是明日黄花，这种接口的键盘、鼠标的用法和 USB 的一般无二，但其最大的缺陷就在于不支持热插拔，用户在更换 PS2 接口的设备时需要重启操作系统才能生效。所以，推荐购买 USB 接口的键盘和鼠标，如果条件允许，还可以选购无线鼠标和无线键盘。

### 9. 选购显示器

显示器的一线品牌有 dell、三星、LG 等，二线品牌有冠捷（AOC）、BENQ、ACER、长城等，以上品牌均可选购，三线品牌不建议选购。

# 任务 2　计算机选购方案

## 2.1 任务导入

小李同学已经对计算机硬件各部分都有了比较充分的了解，掌握了硬件选购的方法和原则，于是他决定亲自出马，给自己配置一台计算机。但由于实际经验比较欠缺，他对常用的部件组合方案不是很了解，无法确定性价比优势，你有什么方法可以帮助小李同学吗？

## 2.2 任务提要

当用户去“电脑城”或找当地销售商配置计算机的时候，销售人员在询问计算机的用途和大致预算后，都会拿出一张“装机配置单”，然后根据装机配置单上的顺序依次为用户选购硬件。

## 2.3 任务实施

（1）浏览“中关村在线”或“太平洋电脑网”，熟悉并记录主流硬件的相关信息，如品牌、型号、工艺、容量、接口、频率和价格等。

（2）根据“中关村在线”的模拟攒机功能（图 2.11），或“太平洋电脑网”的自助装机功能（图 2.12），感受计算机的选配过程。

（3）通过以上在线装机方案的练习，分别拟订高端、中端和低端计算机的选购方案，并将具体方案的品牌、型号、规格、价格和选配原因等信息分别填入表 2.1 中。

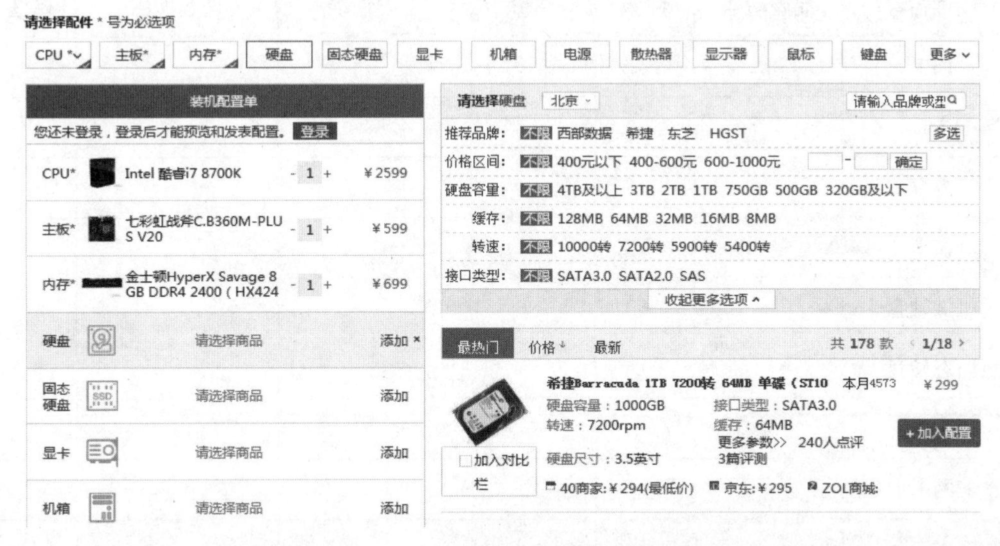


图 2.11　“中关村在线”模拟攒机界面

图 2.12 “太平洋电脑网”自助装机界面

表 2.1 计算机选购方案

高端□ 中端□ 低端□

| 硬件名称 | 品牌型号 | 数量 | 单价 | 主要性能 | 选购理由 | 备注 |
| --- | --- | --- | --- | --- | --- | --- |
| CPU | | | | | | |
| 主板 | | | | | | |
| 内存 | | | | | | |
| 显卡 | | | | | | |
| 机械硬盘 | | | | | | |
| 固态硬盘 | | | | | | |
| 光驱 | | | | | | |
| 网卡 | | | | | | |
| 声卡 | | | | | | |
| 显示器 | | | | | | |
| 摄像头 | | | | | | |

续表

| 硬件名称 | 品牌型号 | 数量 | 单价 | 主要性能 | 选购理由 | 备注 |
| --- | --- | --- | --- | --- | --- | --- |
| 机箱 | | | | | | |
| 电源 | | | | | | |
| 音箱 | | | | | | |
| 键盘 | | | | | | |
| 鼠标 | | | | | | |
| 价格 | | | | | | |
| 总结（适用人群、能完成什么工作、整机性能，以及优缺点等） | | | | | | |

# 项目3

# 计算机组装

## 项目简介

计算机硬件的组装看似简单，即只需要将选购回来的硬件分别装入主机箱中，正确连接各种线缆，最后能够正常开机就算是成功了，但如果组装前没有具体的准备工作、组装过程中不按照一定的步骤和方法、组装后不遵循通电规则，不仅会耗费大量的体力和时间，同时，也在无形中加大了组装的难度。本项目将详细介绍如何组装计算机、组装过程中的注意事项，以及各种线缆的连接和外部设备的连接等。

## 知识目标

1. 理解组装前的准备工作。
2. 掌握组装过程中的注意事项。

## 能力目标

1. 掌握计算机组装的步骤。
2. 掌握各种线缆和外部设备的连接。

# 任务1　组装前的准备工作及注意事项

## 1.1 任务导入

小李同学已经将所有的计算机硬件选购好了，回到家后迫不及待地准备把这一大堆硬件组装起来，但在组装前，需要做哪些准备工作呢？其中的注意事项又有哪些呢？

## 1.2 任务提要

任务中需要注意，电子设备的处理组装时切记勿通电，这样可以保证人身安全和电子元件的完好。计算机的组装多为金手指插口和针脚插口。注意插入设备时勿用蛮力，找准对应位置即可。可以在组装前准备组装教程。

## 1.3 任务实施

### 1. 组装环境

（1）工作台：准备一张宽大且高度合适的桌子，如果条件允许，还应该在工作台上铺设一层聚氨酯橡胶垫，因为它是绝缘体，不会产生静电。

（2）插线板：由于计算机系统需要向主机、显示器等设备供电，所以要有一个插线板（接有电源），方便组装完成后给计算机供电。

（3）器皿：计算机在安装或拆卸过程中有许多螺钉和一些小零件，所以要有一个小器皿来存放，以防丢失。

### 2. 组装工具

（1）十字螺钉旋具：又叫螺钉刀、螺丝刀。在计算机组装过程中几乎都要用到螺钉刀，准备一把带有磁性的十字螺钉刀必不可少。它可以将小螺钉轻易取出来，但不要将带有磁性的螺钉刀长时间地放在硬盘旁边，以免破坏盘上的数据。推荐准备一长一短两把带有磁性的十字螺钉刀，如图 3.1 所示。

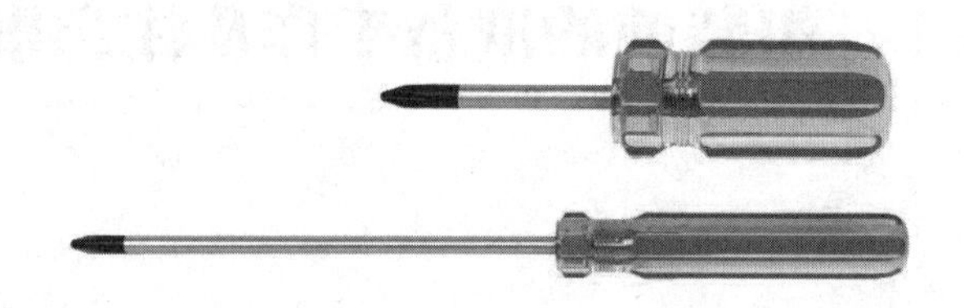

图 3.1　十字螺钉旋具

（2）尖嘴钳：尖嘴钳主要用于插拔一些小元件，如跳线帽、主板支撑架（金属螺柱、塑料定位卡），以及拧开一些比较紧的螺钉等，如图 3.2 所示。

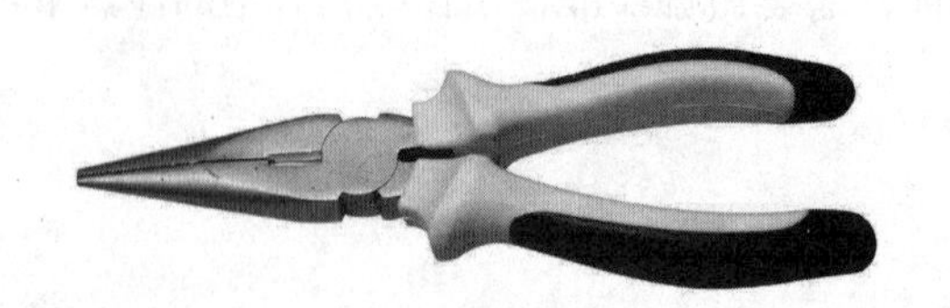

图 3.2　尖嘴钳

（3）镊子：在插入或拔出各类线路时，使用镊子可以降低安装的难度，也可以夹取掉落到机箱死角的物体，如图 3.3 所示。

（4）绑扎带：主要用来固定捆绑各种线缆，如机箱内外的电源线、数据线和各种跳线等，如图 3.4 所示。

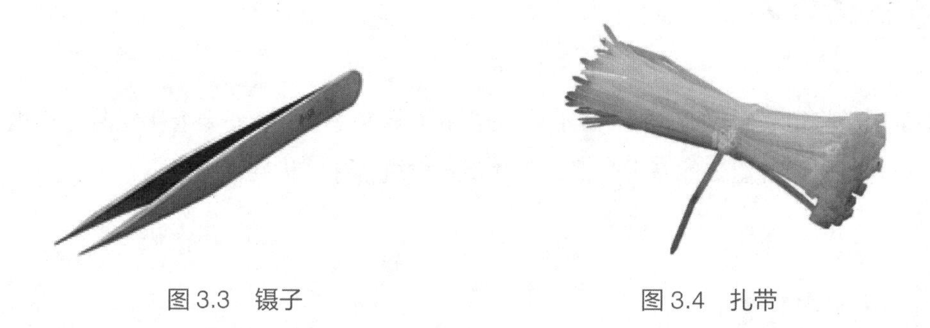

图 3.3　镊子　　图 3.4　扎带

（5）剪刀：用于拆开各种包装和剪去扎带的多余部分，如图 3.5 所示。

图 3.5　剪刀

### 3. 注意事项

（1）防止静电。由于气候干燥、衣服相互摩擦等原因，很容易产生静电。静电有可能将集成电路“击穿”，造成设备的损坏，所以在安装计算机前，应该消除安装人员身上的静电，例如用手触摸一下接地的导体或用流动的水洗手，如果条件允许，可佩戴防静电环。

（2）防止液体进入。液体进入机箱内会造成短路，从而损坏元器件，所以在装机过程中，应严禁液体进入计算机机箱内。

（3）轻拿轻放。对各个配件要轻拿轻放，避免碰撞，尤其是硬盘。安装主板一定要稳固，同时要防止主板变形，不然会对主板的电子线路造成损坏。

（4）硬件最小系统组装。建议只组装必要的设备，如 CPU、风扇、主板、内存、硬盘、显卡和电源。其他配件如声卡、网卡等设备，等硬件最小系统组装没有问题后再进行组装。

（5）未安装的元器件需放在防静电包装内。

（6）装机时先不要连接电源线，等所有配件组装完成后，再插入主机箱电源接头。

（7）计算机通电后，不要触摸机箱内的配件。

# 任务2 计算机硬件组装基本步骤

## 2.1 任务导入

小李同学将组装硬件前的各项工作和注意事项都准备好了，正要着手组装计算机，但并不了解计算机硬件组装的基本步骤。究竟要怎样组装计算机硬件呢？

## 2.2 任务提要

对计算机零件的拿取勿扔摔，以计算机主板为主体，插入其他零件，勿用蛮力，遵照说明书或组装教程，对应位置放（插）入零件。如果插错也不要焦躁。

## 2.3 任务实施

### 1. 打开机箱，安装电源

（1）新机箱拆封后，将机箱平铺在工作台上，用螺钉刀拧开机箱后部的固定螺钉，按住机箱侧面板向后滑动，打开机箱侧面板，如图 3.6 所示。

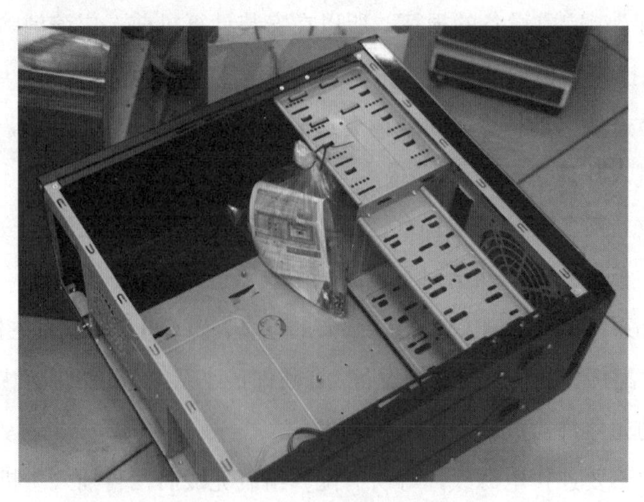

图 3.6 打开机箱侧面板

（2）打开机箱后，用尖嘴钳取下机箱后部的主板挡片，将电源有风扇的一面朝向机箱上的预留孔，如图 3.7 所示。然后将其放置到机箱电源固定架上，最后用螺钉固定电源，如图 3.8 所示。

图 3.7　电源放入机箱

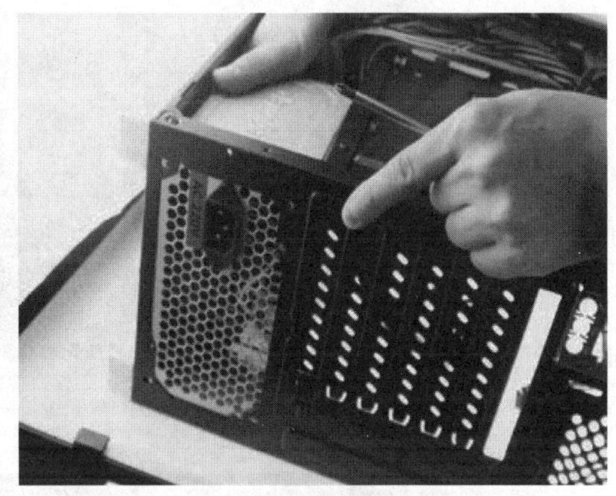

图 3.8　固定电源

## 2. 在主板上安装 CPU 与散热风扇

（1）电源安装完后，通常先在主板上安装 CPU 与散热风扇（注意：此时主板并未放入主机箱中，因为机箱中的空间比较狭小，不便于初次组装的用户）。先将主板拆封后放在工作台上，推开拉杆，打开挡板，如图 3.9 和 3.10 所示。

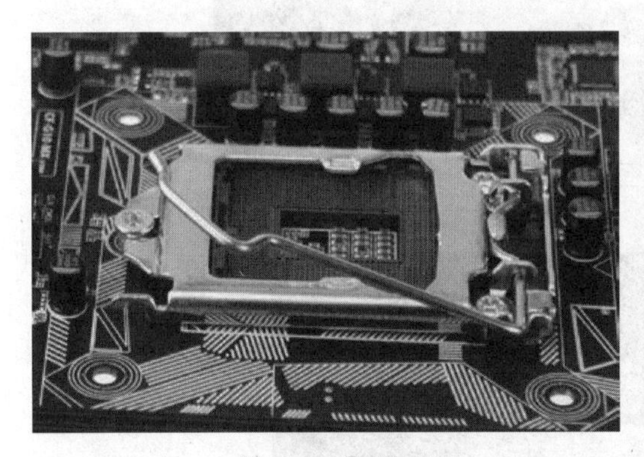

图 3.9　推开拉杆

图 3.10　打开挡板

（2）将 CPU 两侧的缺口对准插座缺口，垂直放入插座中，如图 3.11 所示。

（3）放入 CPU 后，盖好挡板并压下拉杆，固定 CPU，如图 3.12 所示。

（4）在 CPU 上面均匀地涂抹导热硅脂，如图 3.13 所示。

图 3.11　放入 CPU

图 3.12　固定 CPU

图 3.13　涂抹导热硅脂

（5）将CPU散热风扇的4个膨胀扣对准主板上的固定散热风扇预留孔，然后用力往下按，使膨胀扣卡槽进入固定孔位中，如图3.14所示。

图3.14 安装散热风扇支架

（6）将散热风扇两边的卡扣分别安装到散热风扇支架的两侧，把散热风扇固定并连接风扇电源，如图3.15所示。

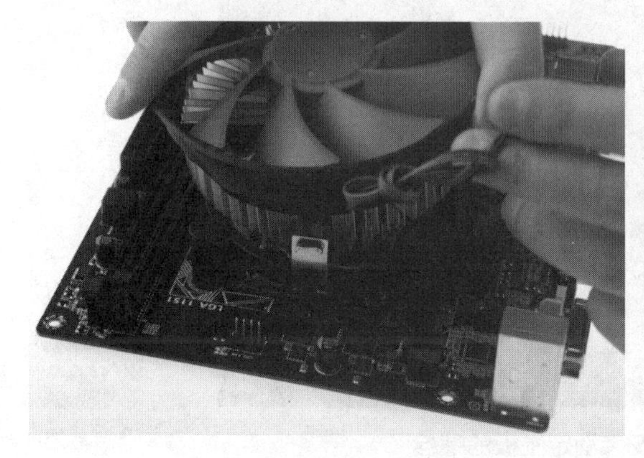

图3.15 固定风扇并连接电源

### 3. 在主板上安装内存条

将主板上内存插槽两边的卡扣扳起，将内存条上的缺口和插槽上的缺口对应，然后将内存条平行放入插槽中（内存插槽使用了防呆设计，反方向无法正常插入内存条），使内存条的金手指和内存插槽完全接触后，用两拇指按住内存条的两端，均匀向下压，听到“啪”的一声轻响，即说明内存条安装到位，如图3.16所示。

图3.16　安装内存条

### 4. 安装主板

将主板（连同其上面的部件）放入机箱，固定主板，具体操作步骤如下：

（1）在安装主板之前，先将螺栓或垫脚螺母安装在机箱内，使主板上的螺钉孔与机箱上刚安装的螺栓或垫脚螺母对齐，如图3.17所示。

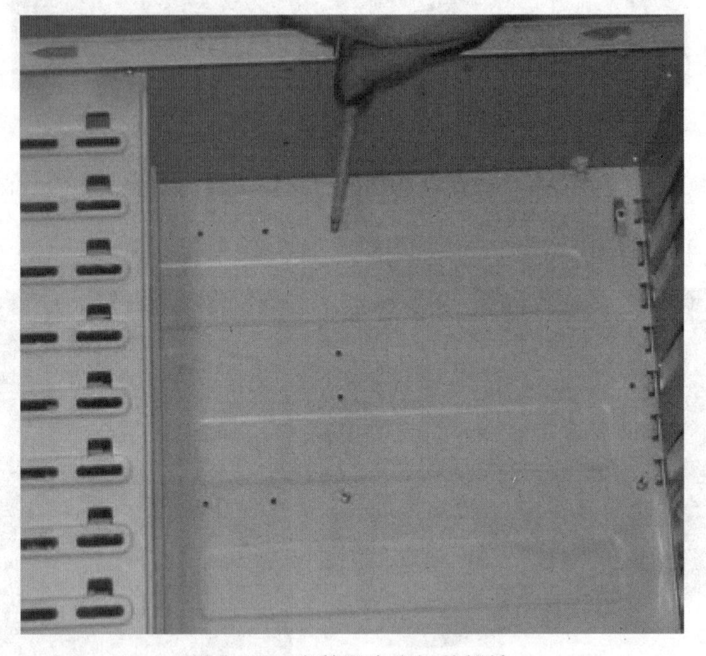

图3.17　安装固定主板的螺栓

（2）将主板自带的专用挡板安装到机箱的背部，平稳地将主板放入机箱内，使固定主板的螺栓与主板上的螺钉孔对齐；同时，检查机箱背部的挡板是否安装到位，如图3.18所示。

图 3.18　安装挡板和主板

（3）用螺钉将主板固定在机箱的主板上，如图 3.19 所示。在装螺钉时，要注意每颗螺钉不要一次性拧紧，要等全部螺钉安装到位后，再将每颗螺钉拧紧，这样做的好处是可以随时对主板的位置进行调整。

图 3.19　固定主板

### 5. 安装硬盘

目前市场上主要的硬盘类型有固态硬盘和机械硬盘。本任务中，这两种硬盘都需要安装，以 SATA 接口的硬盘为例，具体操作如下：

（1）将固态硬盘放置到机箱中 3.5 英寸的驱动器支架上，将固态硬盘的螺钉口与支架上的螺钉口对齐，如图 3.20 所示。

图 3.20　放入固态硬盘

（2）用螺钉将固定硬盘固定在驱动器支架上，如图 3.21 所示。

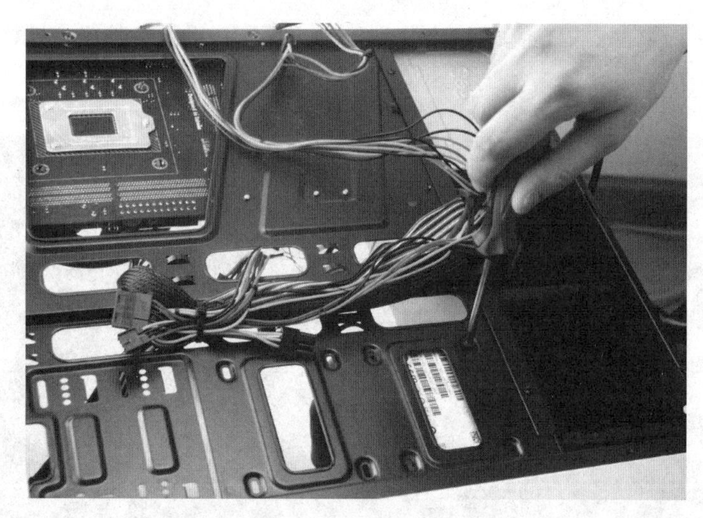

图 3.21　固定固态硬盘

（3）使用相同的方法将机械硬盘固定到机箱的另一个驱动器支架上，如图 3.22 所示。

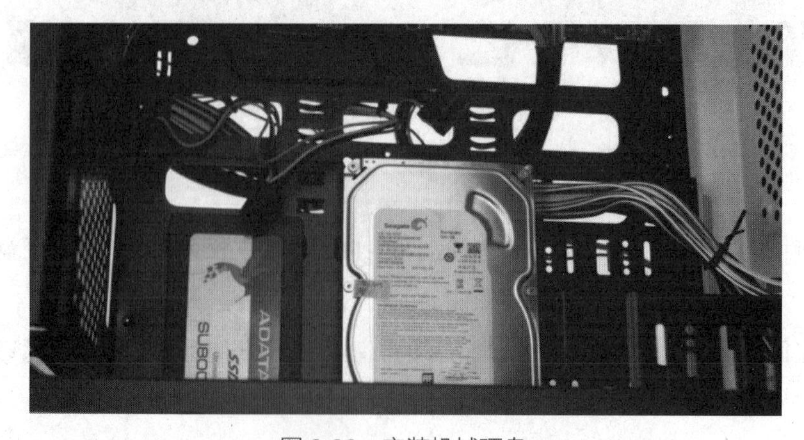


图 3.22　安装机械硬盘

## 6. 安装显卡、声卡和网卡

现在，很多主板都集成了显卡、声卡和网卡，但如果需要安装独立的显卡、声卡和网卡也是可以的，三者的组装过程基本类似，下面以安装独立显卡为例，具体操作如下：

（1）拆卸掉机箱后侧的显卡挡板（如没有显卡挡板则省略此操作），如图 3.23 所示。

图 3.23　拆卸显卡挡板

（2）通常主板上的 PCI-E 显卡插槽都设计了卡扣，先向下按压卡扣将其打开。如图 3.24 所示。

图 3.24　打开卡扣

（3）将显卡水平放入主板的 PCI-E 插槽中，使显卡金手指和 PCI-E 插槽完全接触后，再均匀用力按下显卡；最后用螺钉将其固定在机箱上，完成安装，如图 3.25 所示。

图 3.25　安装固定显卡

## 7. 连接机箱内的电源线和数据线

在安装完机箱内的硬件后，接下来就是连接各种线缆，主要包括各种电源线、数据线、和跳线，具体步骤如下：

（1）首先连接 24PIN 主板电源线，如图 3.26 所示。

图 3.26　连接 24PIN 主板电源线

（2）连接硬盘的电源线和数据线。现在常用的 SATA 接口的硬盘，连接硬盘端的电源线为 L 型 15 针，从主机电源处分出；硬盘数据线两端同为 L 型 7 针，一端连接硬盘，另一端则连接主板上的 SATA 接口中，如图 3.27 所示。

（3）主板上会有多种跳线接口。通常情况下，跳线的名称都是用英文简写标注的，如图 3.28 所示。

图 3.27　连接硬盘的电源线和数据线

图 3.28　主板上的跳线接口

同时，机箱面板上也自带多种跳线，如图 3.29 所示。接下来把机箱面板上的跳线插到主板线路上即可，具体连接方法如下：①将机箱喇叭信号线与主板上的 SPEAKER 接口相连；②将电源开关控制线插头和主板上的 POWER SW 或 PWR SW 接口相连；③将硬盘工作状态指示灯信号线插头和主板上的 H.D.D. LED 接口相连；④将重启键控制线插头和主板上的 RESET SW 接口相连；⑤将主机电源开关状态指示灯信号线的插头和主板上的 POWER LED 接口相连；⑥将前置 USB 连线的插头插入主板相应的接口上；⑦将前置 AUDIO 音频连线的插头插入主板相应的接口上；⑧有些跳线需要区分正负极，通常白色线为负极，花色线为正极。

图 3.29　主板上的跳线

（4）整理机箱内的各种线缆，用绑扎带将其捆绑固定，如图 3.30 所示。机箱内部的散热是通过空气流动进行的，如果线缆杂乱就会影响风道，降低散热效率；同时，线缆还会积累灰尘，进一步影响散热。

图 3.30　整理机箱内的各种线缆

## 8. 连接外部设备

机箱内的配件都安装完毕后，需要将机箱侧面板盖好，连接各种外部设备后，给计算机通电，查看计算机是否能够正常开机，具体操作如下。

（1）连接 PS/2 接口的键盘和 USB 接口的鼠标，如图 3.31 所示。

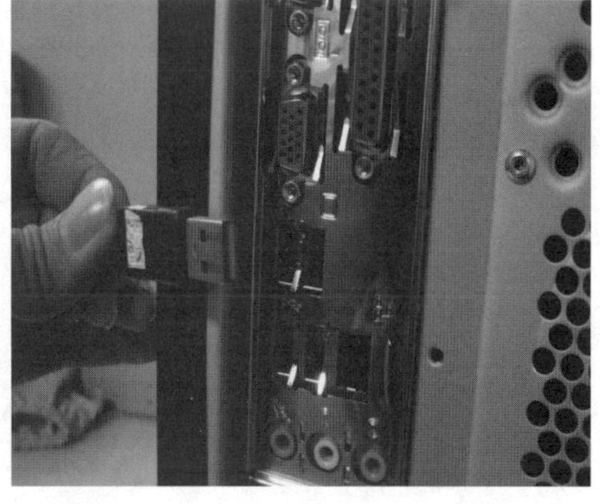

图 3.31　连接键盘和鼠标

（2）连接显示器。标准显示器连接线是 15 针 D 型接口，只需要将连接线的一端连接在主机显卡的 VGA 接口上，另一端连接到显示器的 VGA 接口上，并拧紧两侧的固定螺钉即可，如图 3.32 所示。但现在的显卡一般只有 DVI 和 HDMI 接口，如果连接线没有对应的接口，可以通过转接头 DVI-I 转 VGA 或 HDMI 来转换 VGA 连接。

图 3.32　连接显示器

（3）检查以上线缆连接是否正确。确认无误后将电源连接线插到主机的电源接口上，完成计算机的整个组装过程，如图 3.33 所示。

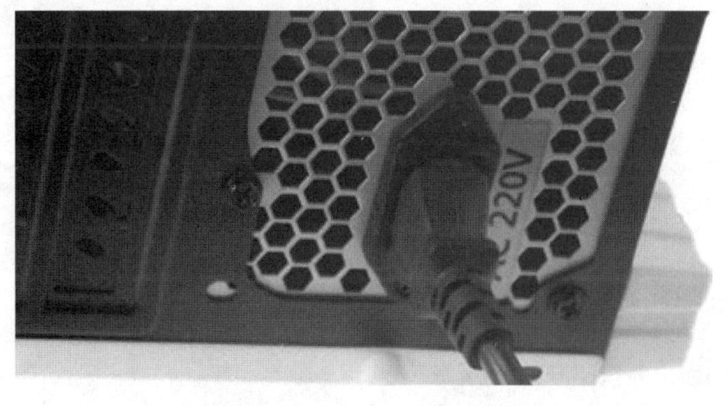


图 3.33　连接主机电源线

# 项目4

# BIOS设置

## 项目简介

BIOS 设置时用户通过图文界面了解并分配计算机资源的固有设置。不同主板厂商有着不同的 BIOS 设置界面，但操作方式无太大差别。本项目介绍如何使用 BIOS 设置计算机参数，查看状态和升级方法。

## 知识目标

1. 利用 BIOS 设置程序对 CMOS 参数进行设置。
2. 掌握 UEFI BIOS 设置。
3. 掌握 BIOS 的升级方法。

## 能力目标

1. 能够对 BIOS 进行设置。
2. 能够对 BIOS 进行升级。

# 任务 1　利用 BIOS 设置程序对 CMOS 参数进行设置

## 1.1 任务导入

小李同学将计算机所有硬件组装完成后，就迫不及待地打开主机箱的电源按钮，结果屏幕上出现一些莫名其妙的英文后，计算机就卡住了，并没有进入熟悉的 Windows 界面，这是为什么呢？

## 1.2 任务提要

当计算机组装完成后，应先利用 BIOS 设置程序对 CMOS 参数进行设置。查看计算机中所有的硬件是否均已找到，系统的日期和时间是否正确，系统引导顺序是否需要调整等。

## 任务实施

### 1. BIOS 的概念

BIOS 是英文 Basic Input Output System 的缩略语，直译的中文名称就是“基本输入 / 输出系统”。它是一组固化到计算机内主板上一个 ROM 芯片上的程序，保存着计算机最重要的基本输入输出的程序、系统设置信息、开机后自检程序和系统自启动程序。其主要功能是为计算机提供最底层的、最直接的硬件设置和控制。

### 2. CMOS 的概念

CMOS（Complementary Metal Oxide Semiconductor，互补金属氧化物半导体）是计算机主板上的一块可读写的 RAM 芯片，主要用来保存当前系统的硬件配置的具体参数和操作人员对某些参数的设定。CMOS RAM 芯片是由系统通过一块后备电池供电，因此，无论是关机还是系统掉电的情况下，信息都不会丢失。

### 3. CMOS 与 BIOS 的区别

CMOS 是一块芯片，集成在主板上，保存着重要的开机参数，如图 4.1 所示。而保存需要电力来维持，所以每块主板上都有一颗纽扣电池，也叫 CMOS 电池。

图 4.1　CMOS 芯片

BIOS 是一组硬件设置程序，保存在主板上的一块 EPROM 或 E2PROM 芯片中。里面装有系统的重要信息和设置系统参数的设置程序 ——BIOS Setup 程序。

CMOS 是主板上一块特殊的 RAM 芯片，是系统参数存放的地方，而 BIOS 中的系统设置程序是完成参数设置的手段。因此，准确的说法应是，通过 BIOS 设置程序对 CMOS 参数进行设置。

### 4. BIOS 的分类

BIOS 设置程序根据制造厂商的不同分为 Phoenix BIOS、Award BIOS、AMI BIOS 和 UEFI BIOS。其中，Phoenix BIOS 和 Award BIOS 已经合并，并且传统 BIOS 技术也正在逐步被 UEFI（Unified Extensible Firmware Interface，统一的可扩展固件接口）取代，使用 UEFI BIOS 更加方便和直观，这也是科技发展的大势所趋。

### 5. BIOS 的基本设置

Phoenix BIOS、Award BIOS 和 AMI BIOS 在设置时，虽然布局和某些功能不同，但原理是一致的。下面以 Award BIOS 为例进行设置。

（1）进入 BIOS。一般情况下，台式机在出现开机画面时，按 Delete 键进入 CMOS 设置主菜单，如图 4.2 所示。

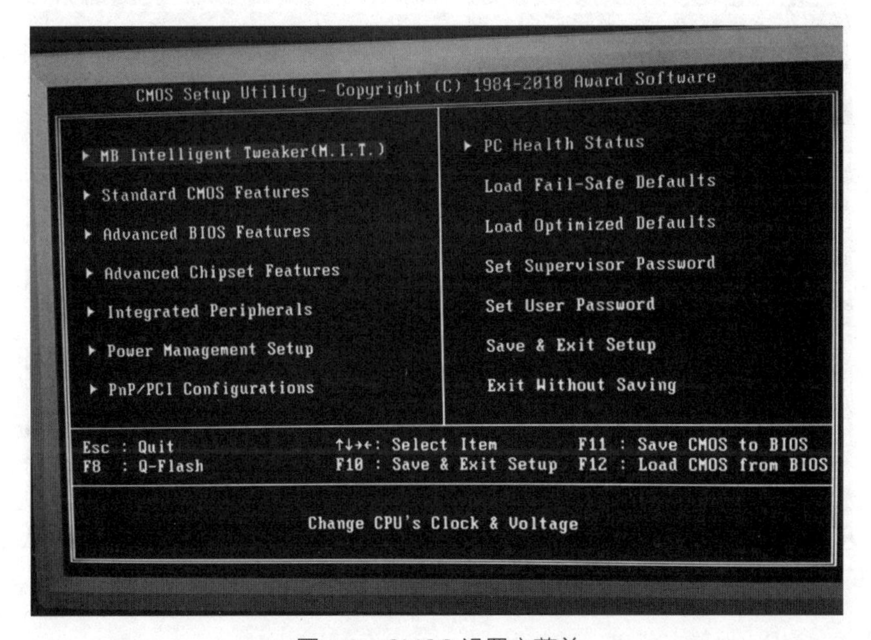


图 4.2　CMOS 设置主菜单

（2）设置系统的日期和时间，如图 4.3 所示。

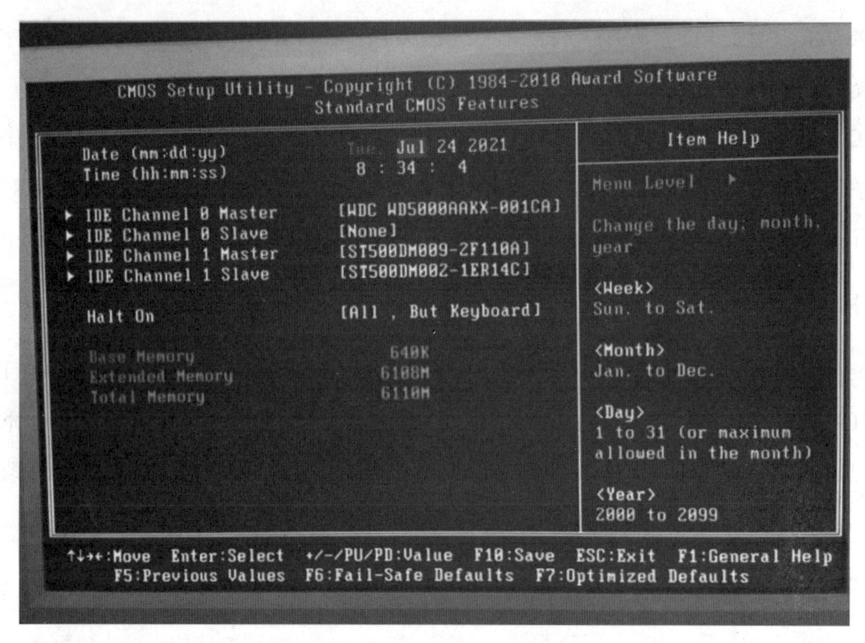


图 4.3　设置系统日期和时间

（3）设置系统引导顺序，如图 4.4 所示。具体操作步骤如下：

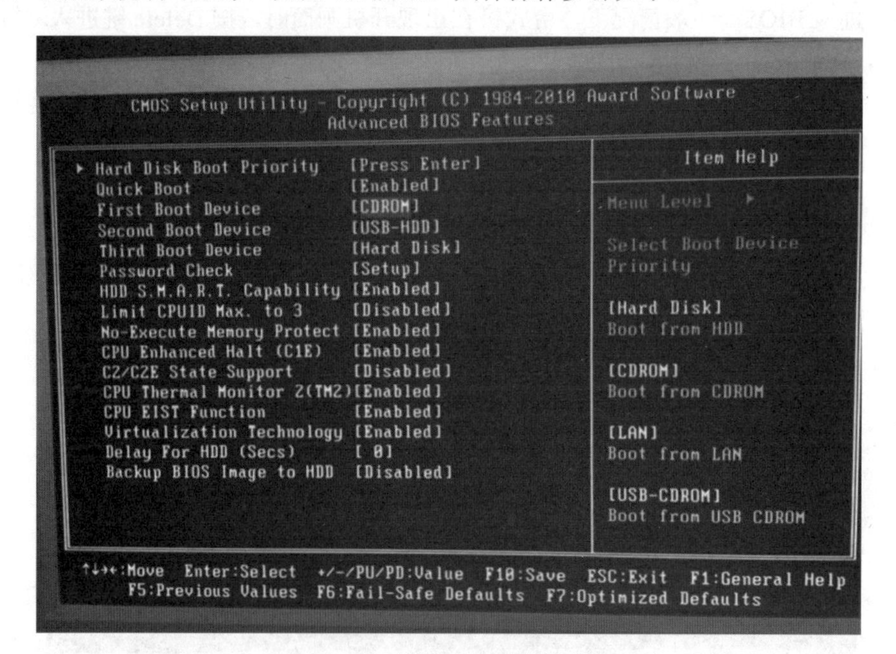


图 4.4　设置系统引导顺序

①进入 CMOS 设置主菜单。

②按方向键选择“Advanced BIOS Features”选项，然后按 Enter 键。

③按方向键移动光标到“First Boot Device”（首选启动设备）选项，按 Page Up 或

Page Down 键设定该项的值为 CDROM。

④按方向键移动光标到“Second Boot Device”（第二启动设备）选项，按 Page Up 或 Page Down 键设定该项的值为“USB.HDD”。

⑤按方向键移动光标到“Third Boot Device”（第三启动设备）选项，按 Page Up 或 Page Down 键设定该项的值为“Hard Disk”。

（4）设置超级用户密码。具体操作步骤如下：

①进入 CMOS 设置主菜单。

②按方向键选择“Set Supervisor Password”选项，然后按 Enter 键。

③在“Enter Password”后面输入密码，如图 4.5 所示，再按 Enter 键。

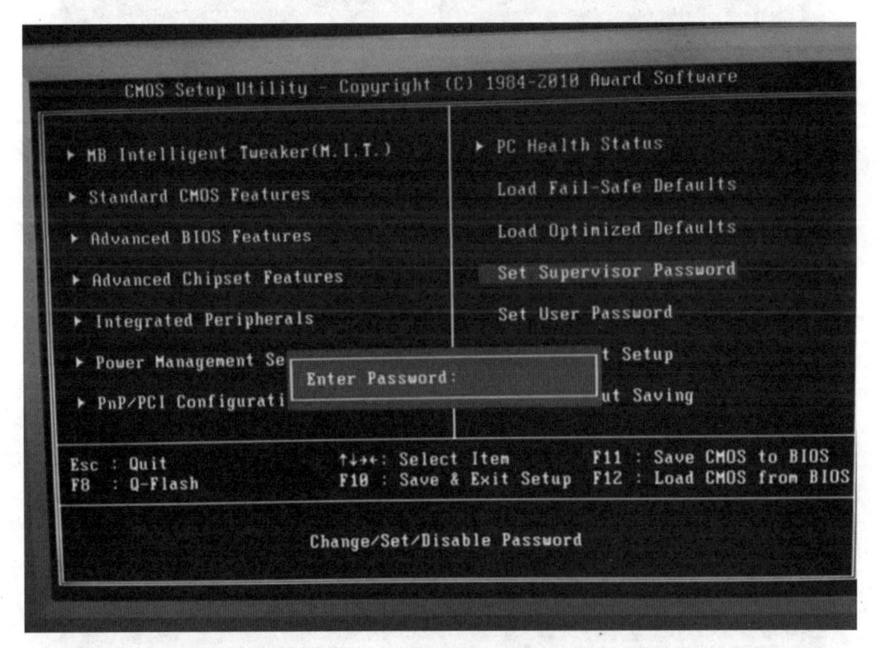


图 4.5　设置超级用户密码

④在“Confirm Password”后面重新输入刚才输入的密码，然后按 Enter 键。

⑤按 F10 键保存退出。

（5）恢复默认设置。具体操作步骤如下：

①进入 CMOS 设置主菜单。

②按方向键选择“Load Optimized Defaults”选项，然后按 Enter 键，如图 4.6 所示。

③按 Y 键确定。

④按 F10 键保存退出，如图 4.7 所示。

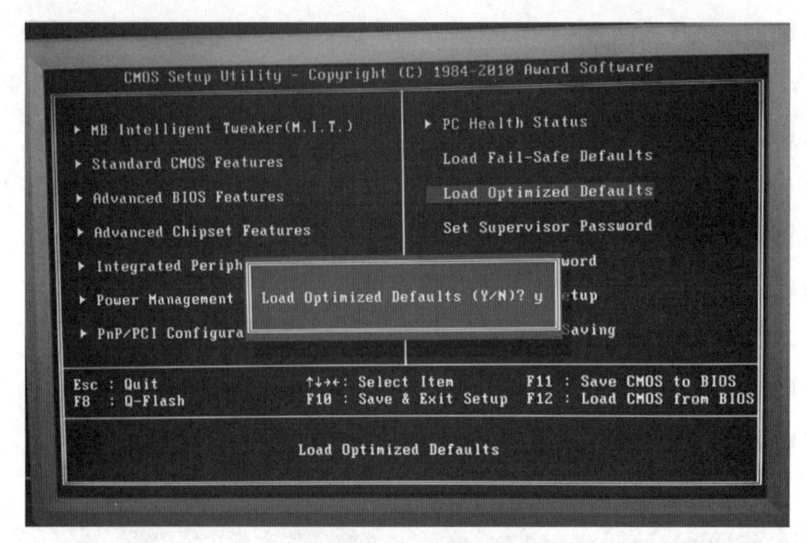


图 4.6　恢复默认设置

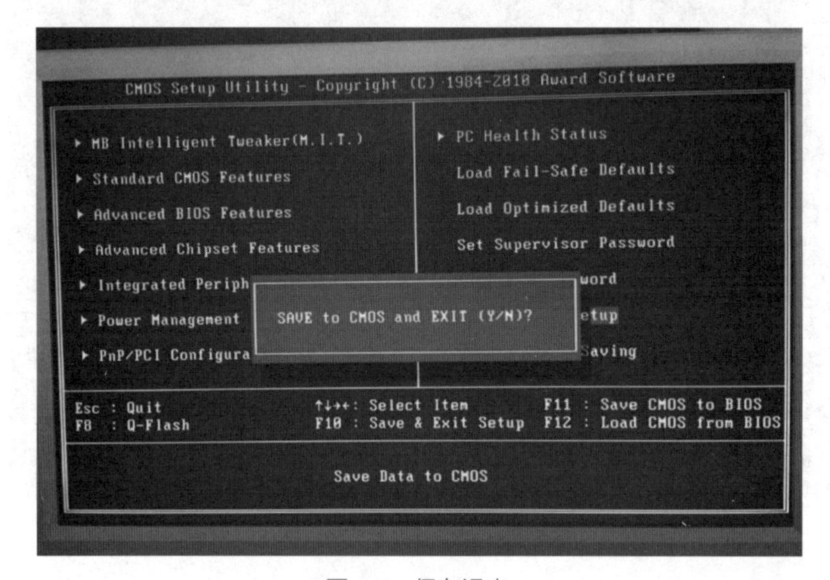


图 4.7　保存退出

# 任务 2　UEFI BIOS 设置

## 2.1 任务导入

正当小李同学兴致勃勃地把刚学会的 CMOS 基本配置讲给朋友听时，朋友却告诉他，自己的计算机启动后，看到的 BIOS 没有英文，也不需要用键盘操作，直接用鼠标选择就可以了。这又是什么情况呢？

## 2.2 任务提要

UEFI 是一种适用于计算机的全新类型标准固件接口，是对传统 BIOS 的升级和替换。此标准由 UEFI 联盟中的 140 多个技术公司共同创建，其中包括微软公司。其目的是提高软件的互操作性和解决 BIOS 的局限性。要使用 UEFI，计算机的主板和操作系统必须都支持 UEFI 功能，目前 Windows 7 64 位、Windows 8、Windows 10 全面支持 UEFI；硬件上，2013 年以后的生产的计算机主板基本上集成了 UEFI 固件。UEFI 是 BIOS 的一种升级替代方案。

## 2.3 任务实施

UEFI BIOS 界面通常是中文界面，可以通过鼠标直接设置，通常包括系统设置、高级设置、CPU 设置、固件升级、安全设置、启动设置和保存退出等选项。

（1）UEFI BIOS 的主要设置项，如图 4.8 所示。

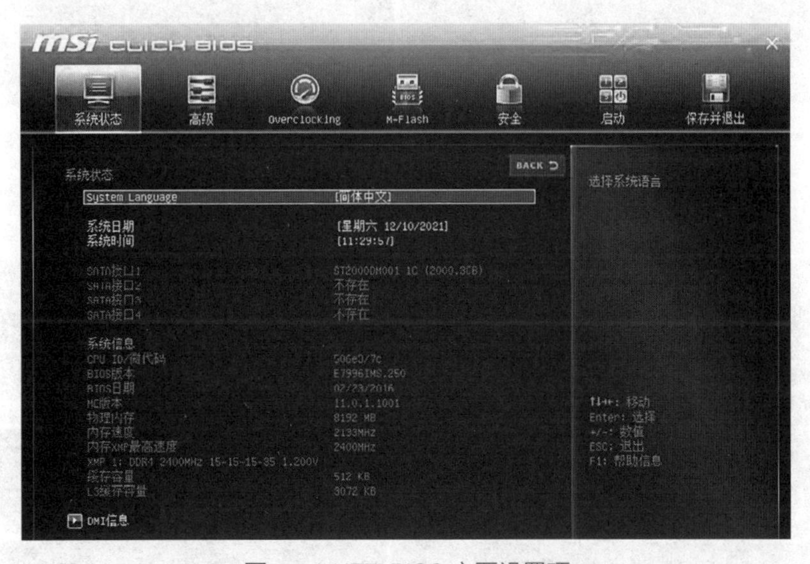


图 4.8　UEFI BIOS 主要设置项

（2）UEFI BIOS 设置计算机启动顺序，如图 4.9 所示。

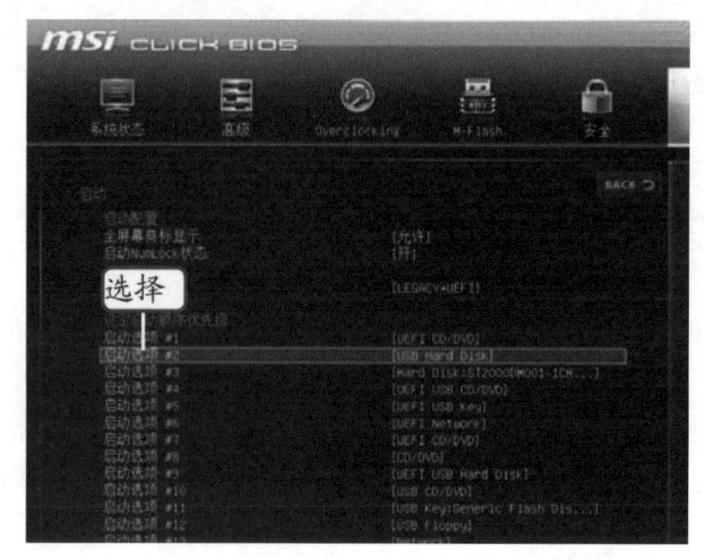


图 4.9　UEFI BIOS 设置计算机启动顺序

（3）UEFI BIOS 设置管理员密码，如图 4.10 所示。

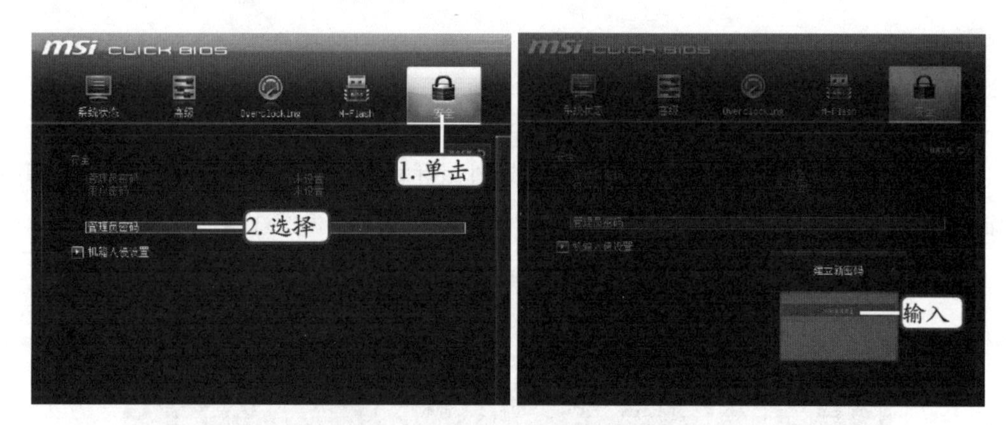


图 4.10　UEFI BIOS 设置管理员密码

（4）UEFI BIOS 设置意外断电后恢复状态，如图 4.11 所示。

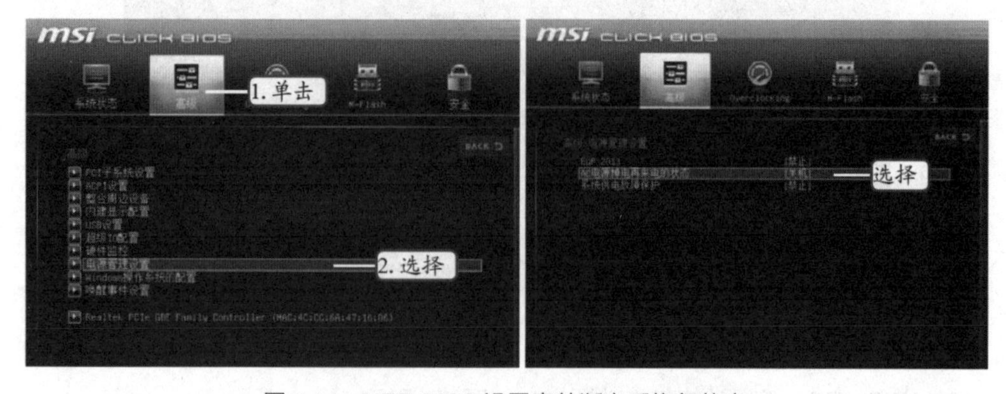


图 4.11　UEFI BIOS 设置意外断电后恢复状态

# 任务 3　BIOS 的升级

## 3.1 任务导入

小李同学无意间听朋友说，昨天有同学把宿舍计算机的 UEFI BIOS 升级了。小李同学知道操作系统要升级、软件要升级，难道 BIOS 也需要升级吗？

## 3.2 任务提要

升级 BIOS 可以使计算机支持最新处理器，增强内存的兼容性，提升超频性能，提升系统稳定性、安全性和修正原来 BIOS 的错误（旧版 BIOS 中的 BUG），等等。那么主板 BIOS 应该怎样升级呢？

## 3.3 任务实施

通常升级 BIOS 的方法：Windows 系统下自动升级、Windows 系统下第三方工具升级、主板自带 BIOS 升级工具升级等。以下分别介绍这三种升级 BIOS 的方法。

### 1. Windows 系统下自动升级

最简单的升级 BIOS 的方法毫无疑问就是 Windows 系统下升级：获取到升级文件后只需要双击鼠标，剩下的全部交给计算机自动执行即可。但这其实还可以分为以下两种情况。

（1）主板厂商直接把 BIOS 及升级所需文件打包成了 EXE 可执行文件，用户只要下载对应主板升级 BIOS 的文件，双击执行即可。例如，华擎提供升级 BIOS 的就有这种方式，具体操作如下：

①从网站上下载升级 BIOS 压缩包，如图 4.12 所示。

| 版本 | 日期 | 大小 | 更新方式 / 如何刷新 | 说明 | 下载 | |
|---|---|---|---|---|---|---|
| 8.00 | 2018/8/23 | 5.88MB | Instant Flash | 增强系统稳定性。 | 全球 | 中国 |
| 8.00 | 2018/8/23 | 5.93MB | DOS | 增强系统稳定性。 | 全球 | 中国 |
| 8.00 | 2018/8/23 | 6.49MB | Windows® | 增强系统稳定性。 | 全球 | 中国 |
| 7.70 | 2018/5/30 | 5.88MB | Instant Flash | 在安装英特尔600p SSD时提高系统兼容性。 | 全球 | 中国 |
| 7.70 | 2018/5/30 | 5.92MB | DOS | 在安装英特尔600p SSD时提高系统兼容性。 | 全球 | 中国 |
| 7.70 | 2018/5/30 | 6.49MB | Windows® | 在安装英特尔600p SSD时提高系统兼容性。<br>*在Windows下使用BIOS更新时，请使用Windows 10 RS3或以前的Windows版本。 | 全球 | 中国 |

图 4.12　从网站下载升级 BIOS 的文件

②解压 BIOS 文件，右击选择“以管理员身份运行（A）”选项，如图 4.13 所示。

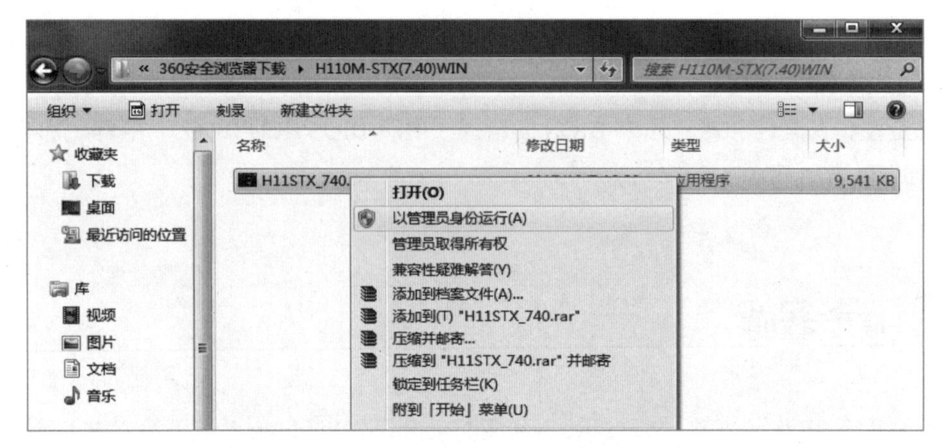


图 4.13　以管理员身份运行程序

③计算机重启后，将会自动升级 BIOS，此时请勿关机，如图 4.14 所示。

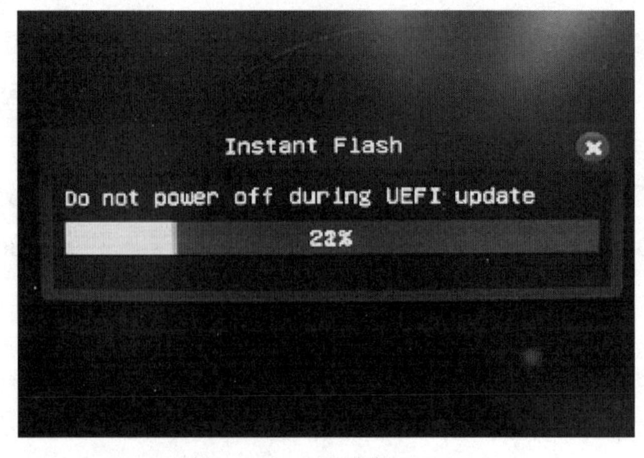


图 4.14　自动升级 BIOS

④ BIOS 升级完成后，单击“OK”，重新启动计算机，如图 4.15 所示。

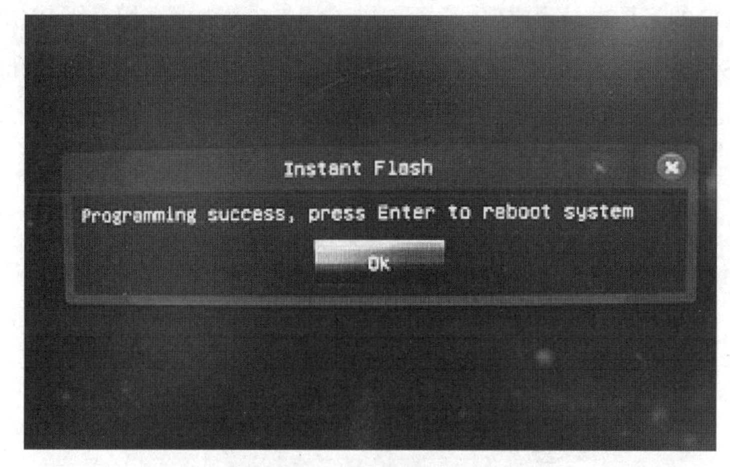


图 4.15　重新启动计算机

⑤系统重启后，进入 BIOS 设置程序，加载 BIOS 默认选项，保存后退出即可。

（2）Windows 系统下升级 BIOS 需要安装主板厂商的配套软件。例如，华硕主板的 BIOS 升级工具叫作 EZ Update，操作界面如 4.16 所示。

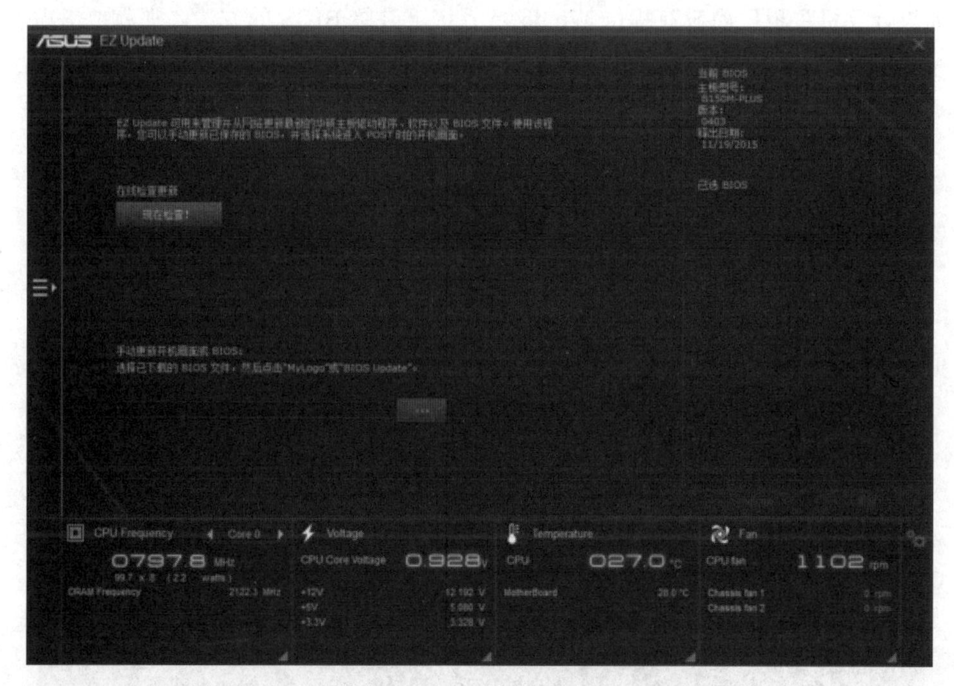


图 4.16　ASUS EZ Update 界面

## 2. Windows 系统下第三方工具升级

如果主板厂商没有提供官方工具或者可执行程序，那么这种情况下要想在 Windows

系统下升级 BIOS 就要提升一级难度了 —— 使用第三方工具。目前，AMI 的 BIOS 最为常见，升级 BIOS 的工具也最为成熟，下面就以 AMI BIOS 为例介绍升级 BIOS 的方法。（不知道主板 BIOS 芯片来源的可以用 CPU.Z 软件查看，其具有识别 BIOS 芯片和版本的功能，如图 4.17 所示。）

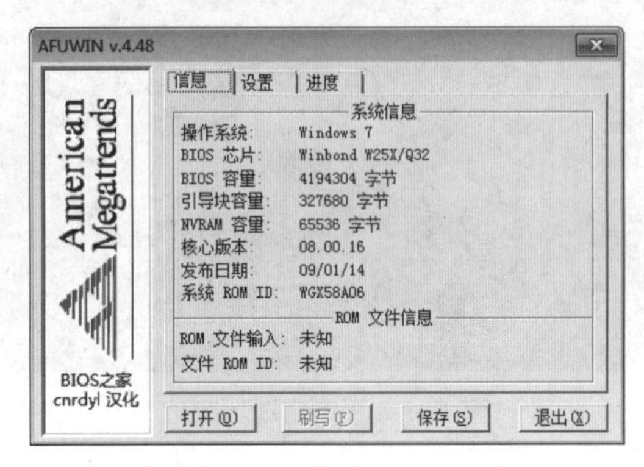


图 4.17　查看 BIOS 芯片来源

### 3. 主板自带 BIOS 升级工具升级

如果计算机主板厂商没有提供 Windows 系统下升级 BIOS 的方法，那就要考虑 BIOS 下升级。华硕、技嘉、微星、华擎等厂商，都提供了 BIOS 升级工具，如图 4.18 所示。

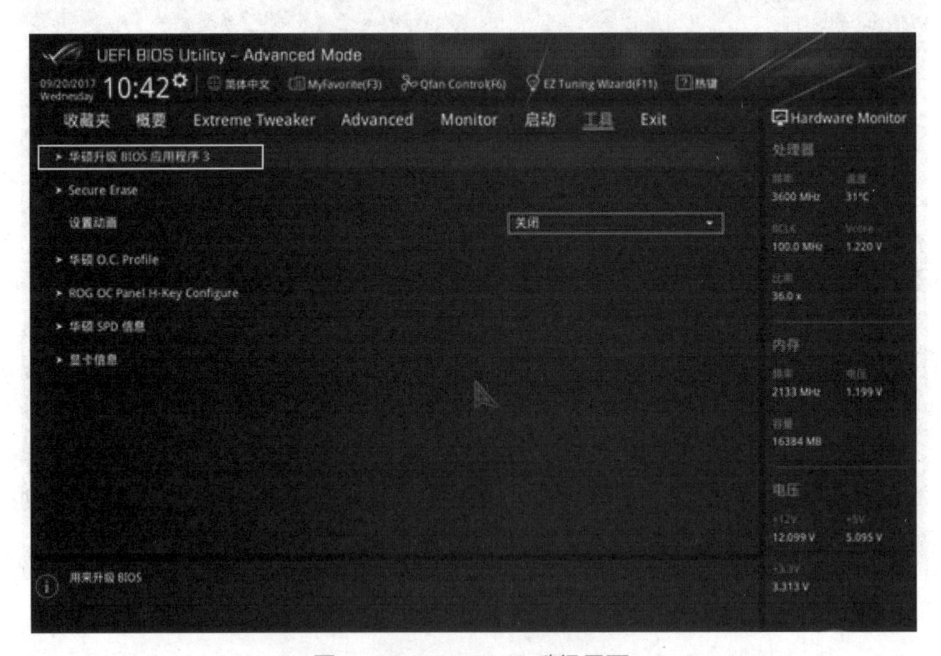


图 4.18　UEFI BIOS 升级界面

通常情况下，是将 BIOS 升级文件提前下载拷贝到 U 盘中，通过 UEFI BIOS 操作程序，选择 U 盘中的 BIOS 升级文件即可，如图 4.19 所示。建议升级前提前备份。

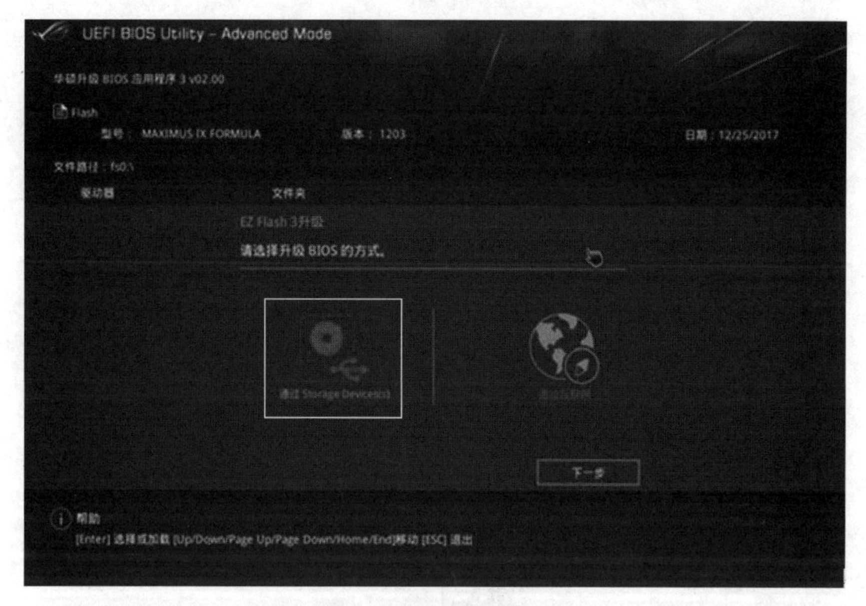


图 4.19　UEFI BIOS 升级界面

# 项目5

# 硬盘分区及格式化

## 项目简介

安装操作系统和软件之前，首先需要对硬盘进行分区和格式化，然后才能使用硬盘保存各种信息。许多人都会认为，既然是分区就一定要把硬盘划分成好几个部分，其实完全可以只创建一个分区使用全部或部分的硬盘空间。不过，不论划分了多少个分区，也不论使用的是 IDE 硬盘还是 SATA 硬盘，都必须把硬盘的主分区设定为活动分区，这样才能够通过硬盘启动系统。

## 知识目标

1. 掌握硬盘分区及格式化的原因。
2. 掌握分区的步骤和类型。
3. 掌握虚拟硬盘格式化工具。

## 能力目标

1. 能够理解分区的类型和格式。
2. 能够理解格式化硬盘的两种类型。
3. 能够正确对硬盘进行分区和格式化操作。

# 任务 1　硬盘分区的相关概念

## 1.1 任务导入

小李同学将计算机组装完毕，正确设置了 CMOS 参数后，就准备安装 Windows 操作系统了。他这样操作是否正确？在安装操作系统之前，还需要做哪些准备工作呢？

## 1.2 任务提要

安装操作系统和软件之前，首先需要对硬盘进行分区和格式化，然后才能使用硬盘保存各种信息。磁盘分区相当于对储物室进行规划，通常分为C，D，E，F四个分区，也可根据硬盘大小确定分区个数。无论是多大的硬盘也至少要做出系统分区和其他分区两个分区。系统分区又称系统盘，系统盘内尽量只安装与系统相关的应用。其他分区可自行分配。

磁盘分区是使用分区编辑器（Partition Editor）在磁盘上划分出几个逻辑部分，磁盘一旦划分成数个分区（Partition），不同类的目录与文件可以存储进不同的分区。分区越多，可以将文件的性质区分得越细，按照更为细分的性质存储在不同的地方，以管理文件；但分区太多也会造成麻烦。空间管理、访问许可与目录搜索的方式，依属于安装在分区上的文件系统。当改变大小的能力依属于安装在分区上的文件系统时，需要谨慎地考虑分区的大小。磁盘分区可看作是逻辑卷管理前身的一项简单技术。

## 1.3 任务实施

### 1. 分区的流程

一般来说，建立硬盘分区的顺序：建立主分区→建立扩展分区→将扩展分区分成数个逻辑分区。建立主分区后创建扩展分区，原则上是主分区以外的硬盘剩余空间全部分配给扩展分区；接下来再创建多个逻辑分区；最后，一定要激活主分区（Set Active Partiton）。

### 2. 分区的格式

传统的主引导记录（Master Boot Record，MBR）分区文件格式有FAT32与NTFS两种。以下介绍几种常见的分区格式。

（1）FAT16（Windows）：支持最大分区2 GB，最大文件2 GB。

（2）FAT32（Windows）：支持最大分区124.55 GB，最大文件4 GB。

（3）NTFS（Windows）：支持最大分区2 TB，最大文件2 TB。

（4）HPFS（OS/2）：支持最大分区2 TB，最大文件2 GB。

（5）EXT2和EXT3（Linux）：支持最大分区16 TB，最大文件2 TB。

（6）EXT4（Linux）：使用了B+树索引数据extent的文件系统（有别于EXT2/EXT3），

支持最大分区 1 EB，最大文件 16 TB。

（7）JFS（AIX）：支持最大分区 4P（block size=4k），最大文件 4P。

（8）XFS（IRIX）：这是个正经的64位的文件系统，可以支持9E（2的63次方）的分区。

# 任务 2　硬盘格式化的相关概念

## 2.1 任务导入

硬盘分区完成后，就是格式化操作。硬盘格式化的方法主要有三种：第一种是在操作系统下对磁盘进行格式化，第二种是系统安装程序进行格式化，第三种是通过分区格式化软件完成。那么，哪种方式更好？该怎样选择呢？

## 2.2 任务提要

格式化是指对磁盘或磁盘中的分区进行初始化的一种操作，这种操作通常会导致现有的磁盘或分区中所有的文件被清除。

用一个形象的比喻来说明就是：假如硬盘是一间大的“清水房”，把它隔成三居室（分成三个区）；但是“业主”不能马上“入住”，因为“入住”之前必须对每个房间进行清洁和装修。这里的格式化就是“清洁和装修”这一步。另外，硬盘使用前的高级格式化还能识别硬盘磁道和扇区有无损伤，如果格式化过程畅通无阻，则硬盘一般无大碍。

## 2.3 任务实施

### 1. 低级格式化

低级格式化（Low-Level Formatting）又称低层格式化或物理格式化（Physical Format），对于部分硬盘制造厂商来说，它也被称为初始化（Initialization）。最早，伴随着应用 CHS 编址方法、频率调制（FM）、改进频率调制（MFM）等编码方案的磁盘的出现，低级格式化被用于指代对磁盘进行划分柱面、磁道、扇区的操作；现今，软盘逐渐退出日常应用，随着应用新的编址方法和接口的磁盘的出现，这个词已经失去了原本的含义，大多数的硬盘制造商将低级格式化定义为创建硬盘扇区（Sector）而使硬盘具备存储能力的操作。现在，人们对低级格式化存在一定的误解，在多数情况下，提及低级格式化，往往是指硬盘的填零操作。

### 2. 高级格式化

高级格式化（High-Level Format）又称逻辑格式化，是指根据用户选定的文件系统（如FAT12、FAT16、FAT32、NTFS、EXT2、EXT3 等），在磁盘的特定区域写入特定数据，以初始化磁盘或磁盘分区、清除原磁盘或磁盘分区中所有文件的一个操作。高级格式化包括对主引导记录中分区表相应区域的重写，即根据用户选定的文件系统，在分区中划出一片用于存放文件分配表、目录表等用于文件管理的磁盘空间，以便用户使用该分区管理文件。

### 3. 低级格式化与高级格式化的区别

低级格式化就是将空白的磁盘划分出柱面和磁道，再将磁道划分为若干个扇区，每个扇区又划分出标识部分 ID、间隔区 GAP 和数据区 DATA 等。可见，低级格式化是高级格式化之前的工作，它只能够在 DOS 环境下来完成，而且低级格式化只能针对一块硬盘而不能支持单独的某一个分区。每块硬盘在出厂时，都已被硬盘生产厂商进行了低级格式化，因此通常使用者无须再进行低级格式化操作。需要指出的是，低级格式化是一种损耗性操作，其对硬盘寿命有一定的负面影响。

高级格式化就是清除硬盘上的数据、生成引导区信息、初始化 FAT 表、标注逻辑坏道等。一般来说，重装系统时都用高级格式化，因为MBR不重写，所以有存在病毒的可能。MBR 病毒可以通过杀毒软件清除或者在 DOS 下执行 fdisk /mbr 重写 MBR，以彻底清除病毒。简单地说，高级格式化就是和操作系统有关的格式化，低级格式化就是和操作系统无关的格式化。

# 任务 3　分区与格式化的具体操作

## 3.1 任务导入

在学习和掌握了磁盘分区格式化的相关知识后，小李同学就着手对磁盘进行分区与格式化的相关操作了，但分区与格式化的常见操作有三种：第一种是通过操作系统安装程序进行分区与格式化，第二种是使用操作系统磁盘管理器功能进行分区与格式化，第三种是使用专业分区格式化软件完成。那么，这三种方法分别适用于哪些场合呢？

## 3.2 任务提要

现在主流的硬盘分区与格式化操作几乎都是通过图形界面完成的，相对于之前通过 DOS 命令来进行分区与格式化，图形界面的中文提示大大减轻了操作难度；同时，可以通过鼠标来操作，更加方便快捷。

## 3.3 任务实施

（1）通过操作系统安装程序进行分区与格式化操作（以 Windows 7 系统为例）。

①设置光盘为第一启动项，重新启动计算机。

②将 Windows 7 安装光盘放入光驱，引导系统将引导 Windows 7 进入安装界面，等待一段时间，直到出现“安装 Windows”窗口，选择要安装的语言为“中文（简体）”，再单击“下一步”按钮，如图 5.1 所示。

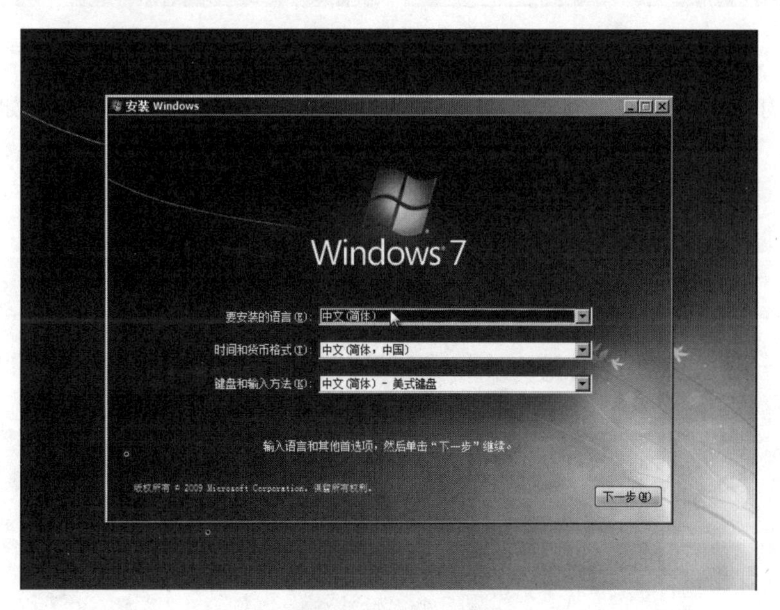


图 5.1　安装 Windows 7 窗口（1）

③出现安装窗口，单击“现在安装”按钮，出现安装程序启动窗口，如图 5.2 所示。

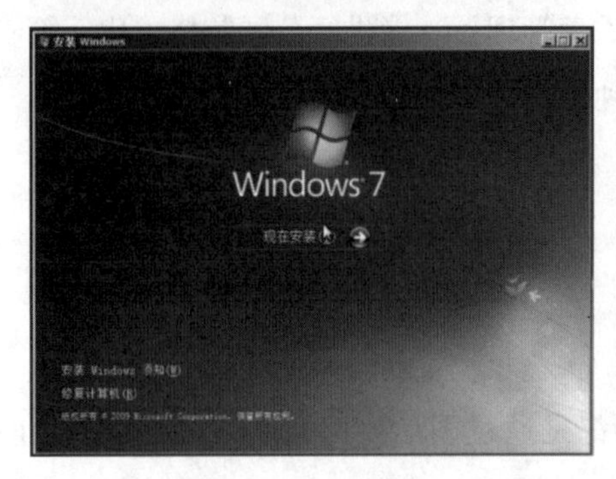

图 5.2　安装 Windows 7 窗口（2）

④出现安装许可窗口，首先选中“我接受许可条款”复选框，出现安装类型选择窗口，选择“自定义（高级）”选项，如图 5.3 所示。

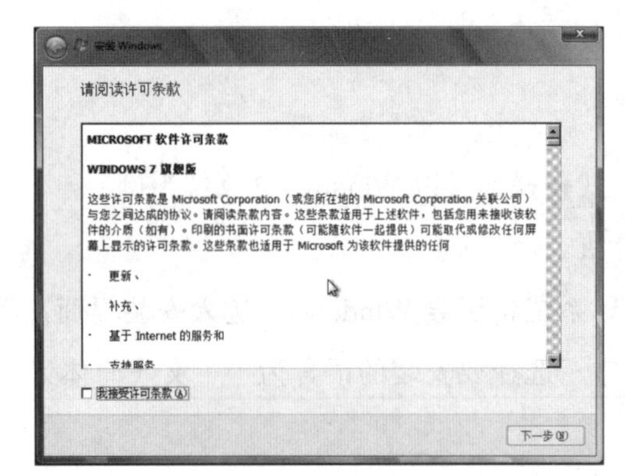


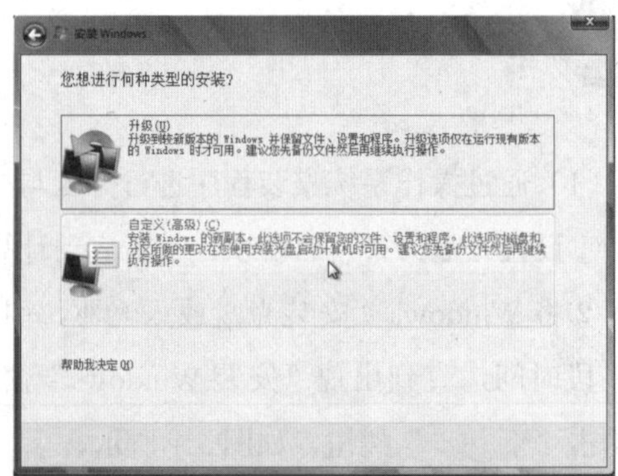


图 5.3　安装 Windows 7 窗口（3）

⑤分区窗口出现，选择“驱动器选项（高级）”选项，单击“下一步”按钮，如图 5.4 所示。

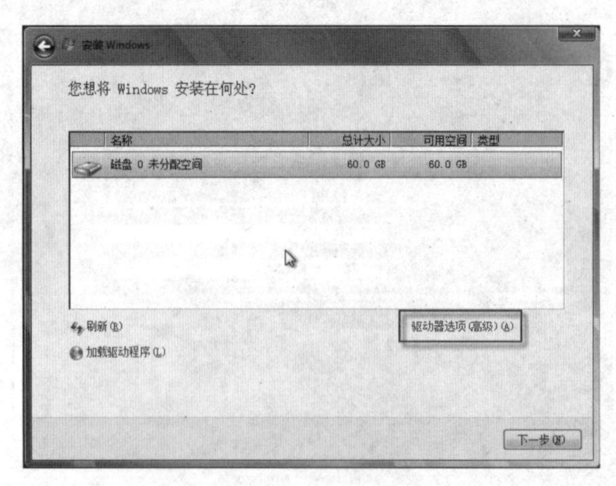


图 5.4　选择磁盘

⑥在安装窗口选择“新建”选项，创建一个新的分区，如图 5.5 所示。

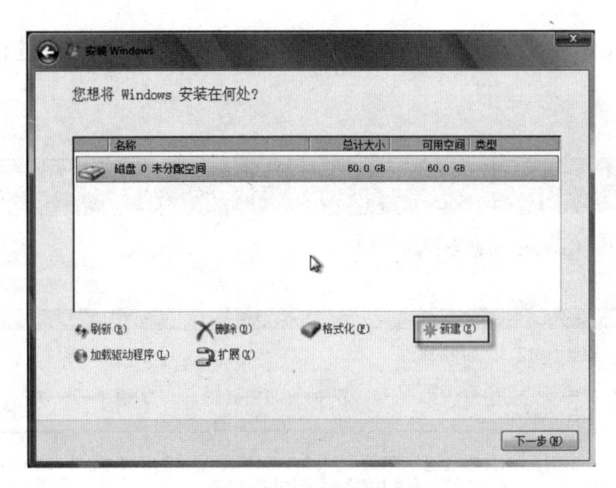


图 5.5　新建分区

⑦在“大小”数值框中输入“20480”，弹出额外空间分配警告对话框，单击“确定”按钮完成分区，如图 5.6 所示。

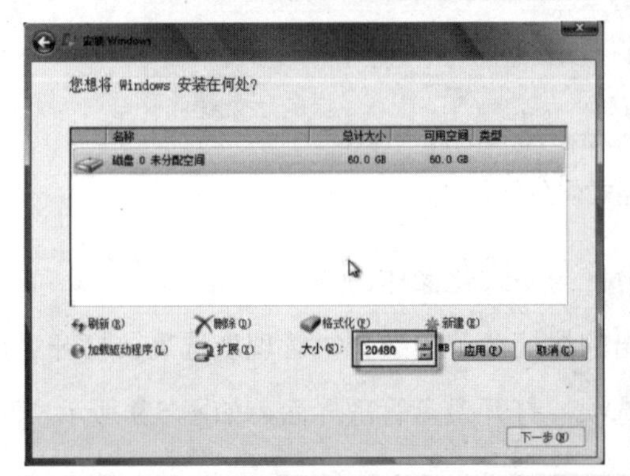


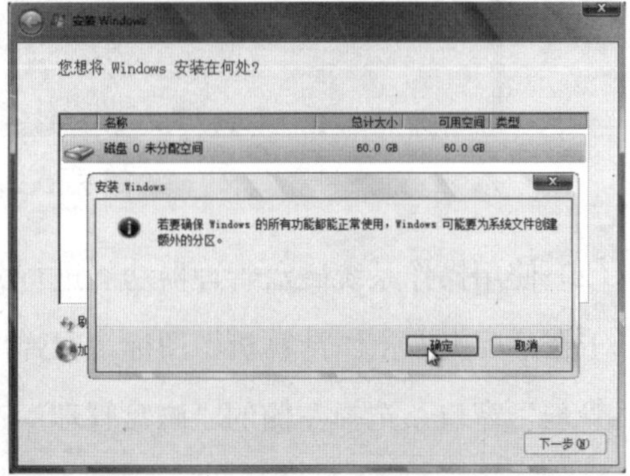


图 5.6　分区大小

⑧此时一共有三个分区，选择“磁盘 0 分区 2”选项（19.9 GB 的主分区），再单击“格式化”按钮，对选中的分区进行格式化，如图 5.7 所示。

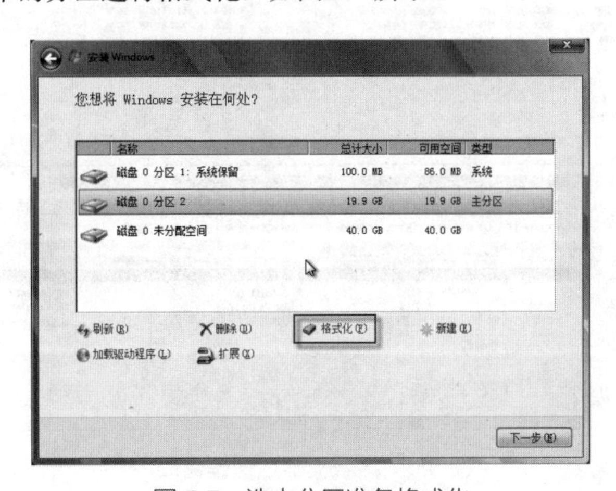


图 5.7　选中分区准备格式化

⑨最后弹出格式化警告对话框，单击“确定”按钮，对分区进行格式化，如图 5.8 所示。

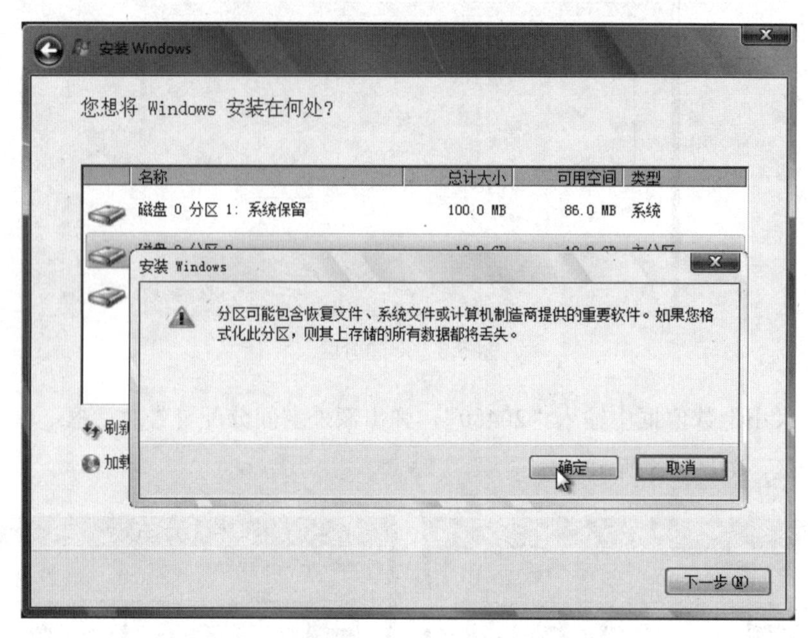


图 5.8　格式化分区

（2）使用操作系统磁盘管理器功能进行分区与格式化操作。

①在桌面上右击“计算机”图标，在弹出的快捷菜单中选择“管理”选项，打开“计算机管理”窗口，选择左侧的“磁盘管理”选项，打开磁盘管理界面，如图 5.9 所示。

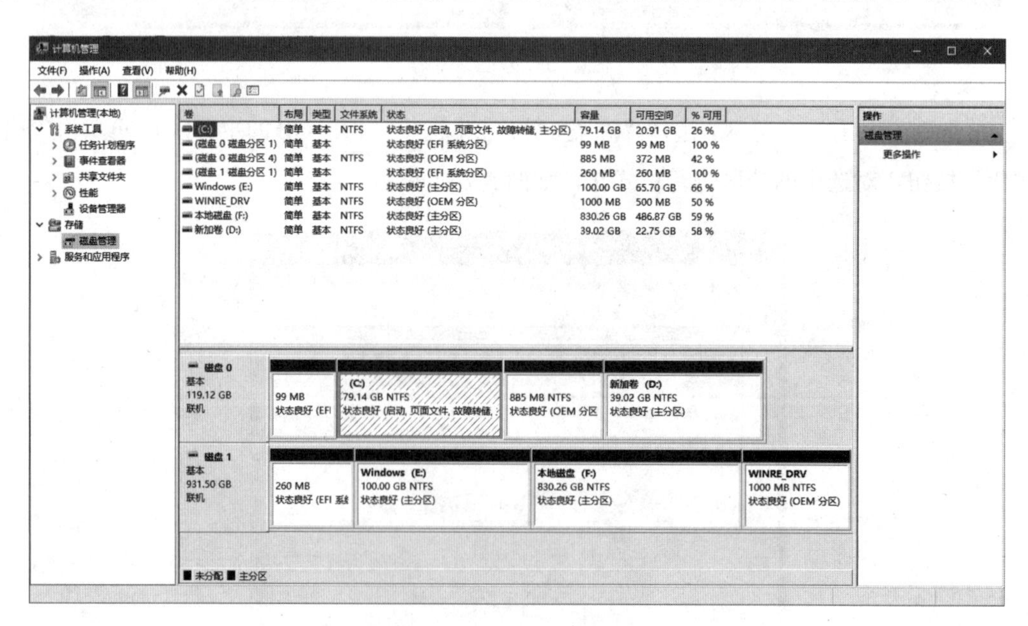


图 5.9　计算机磁盘管理窗口

②右击窗口中的 C 盘，在弹出的快捷菜单中选择“压缩卷”选项，弹出“压缩 C:”对话框，如图 5.10 所示，单击“压缩”按钮。系统将自动压缩 C 盘，并将 C 盘中未分配的空间划分出来，如图 5.11 所示。

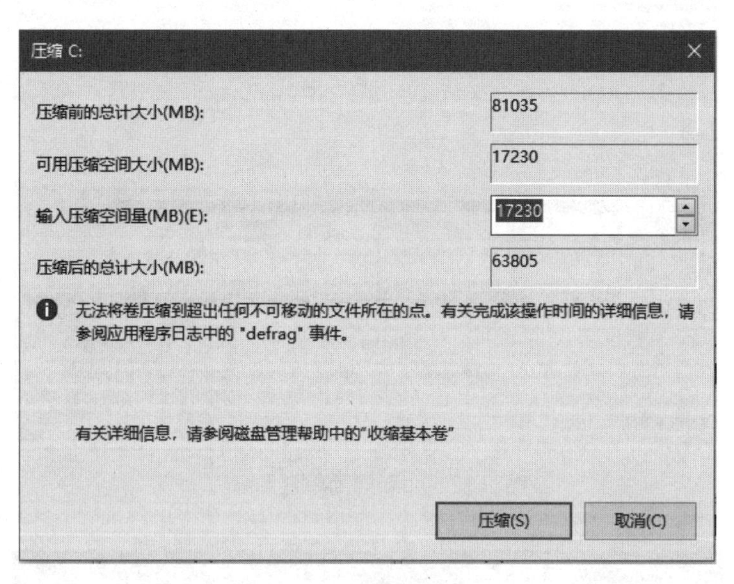


图 5.10　压缩 C 盘窗口

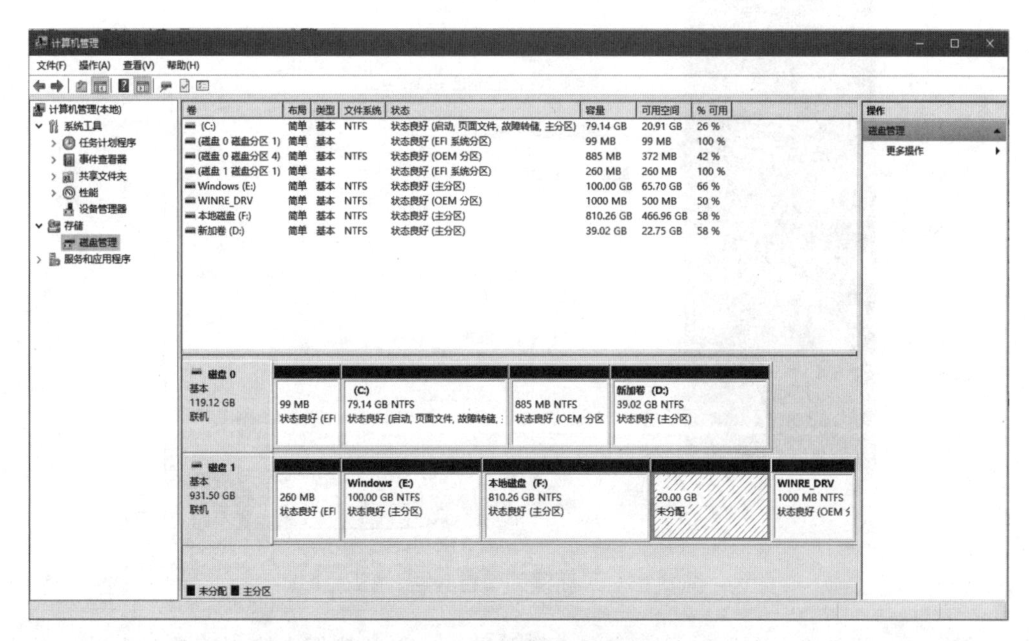


图 5.11　C 盘压缩完成后的窗口

③右击“未分配”空间，在弹出的快捷菜单中选择“新建简单卷”选项，如图 5.12 所示，弹出“新建简单卷向导”对话框，如图 5.13 所示。

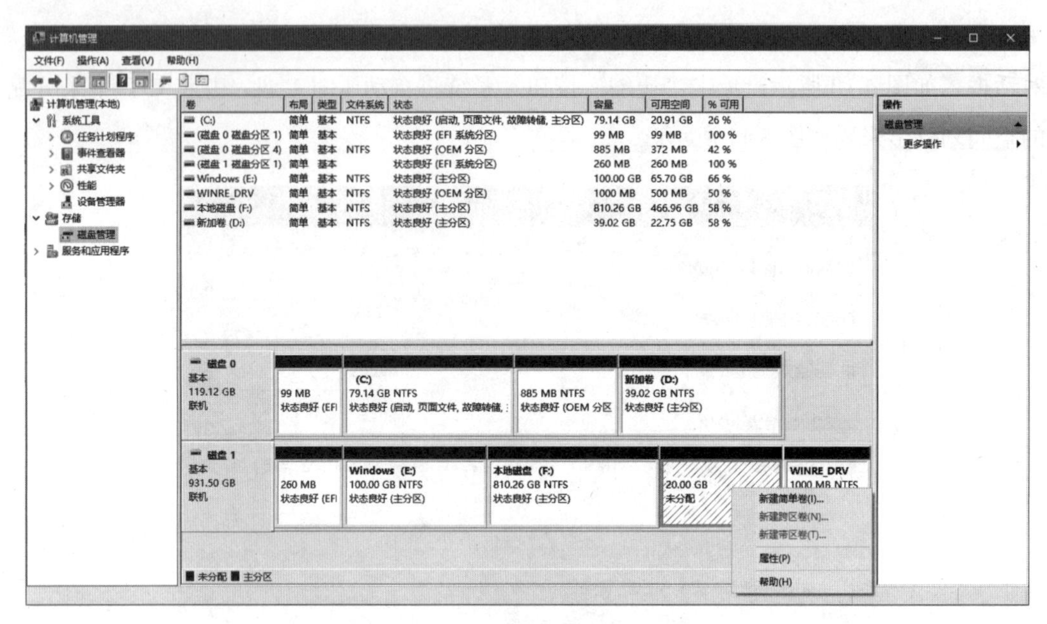


图 5.12　“新建简单卷”窗口

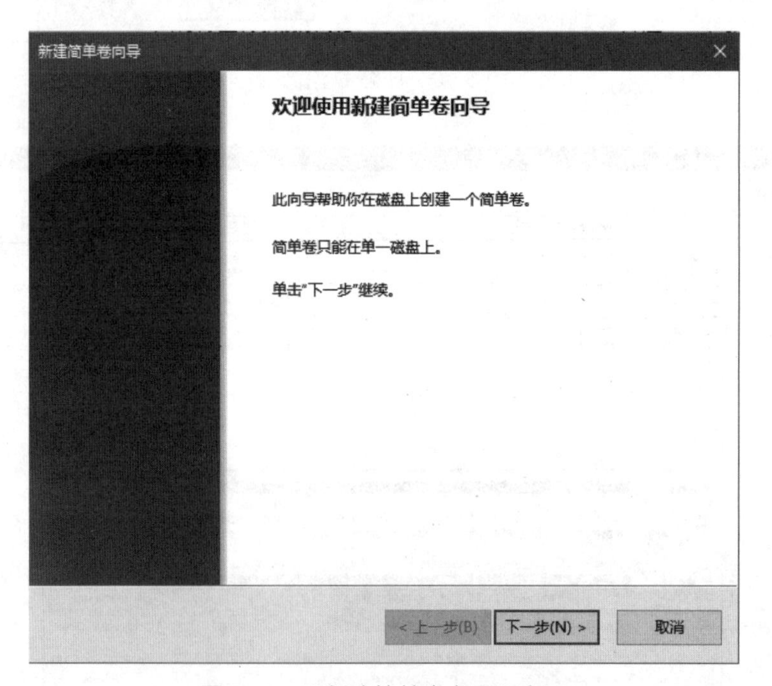


图 5.13　“新建简单卷向导”窗口

④进入“指定卷大小”向导页，在“简单卷大小”数值框中输入新建磁盘分区的大小，如图 5.14 所示，单击“下一步”按钮。

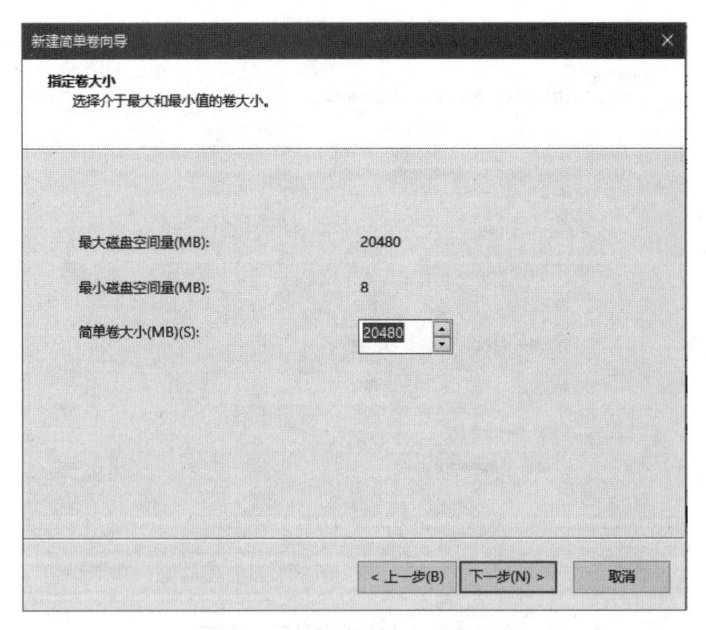


图 5.14　“指定卷大小”窗口

⑤进入“分配驱动器号和路径”向导页，为磁盘分区分配驱动器号，如图 5.15 所示。

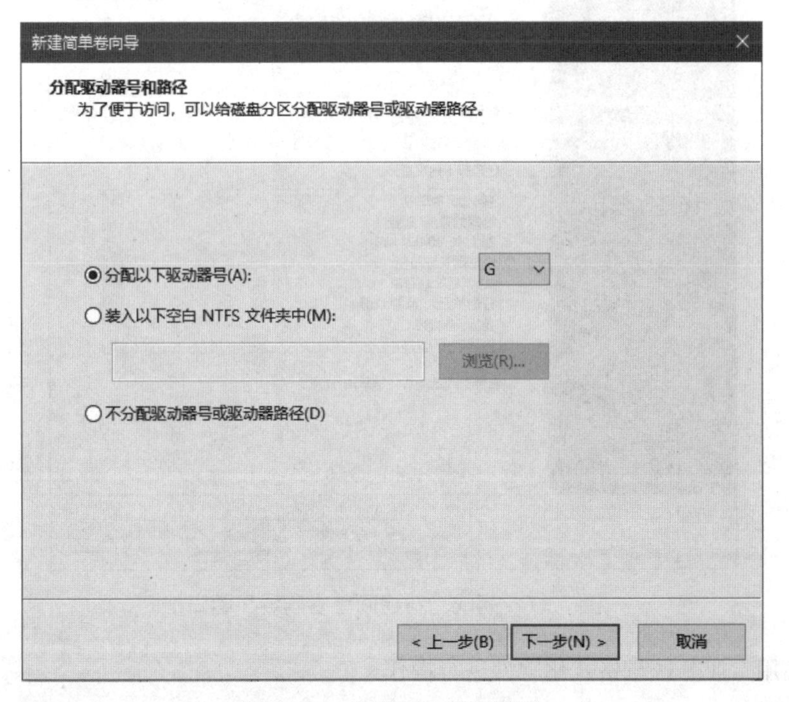


图 5.15　分配驱动器号窗口

⑥进入“格式化分区”向导页，选择“按下列设置格式化这个卷”选项，如图 5.16 所示，完成新建简单卷的设置，如图 5.17 所示。

新建简单卷向导

格式化分区

要在这个磁盘分区上储存数据，你必须先将其格式化。

选择是否要格式化这个卷；如果要格式化，要使用什么设置。

不要格式化这个卷(D)

按下列设置格式化这个卷(O):

文件系统(F): NTFS

分配单元大小(A): 默认值

卷标(V): 新加卷

执行快速格式化(P)

启用文件和文件夹压缩(E)

< 上一步(B)　下一步(N) >　取消

图 5.16　“格式化分区”窗口

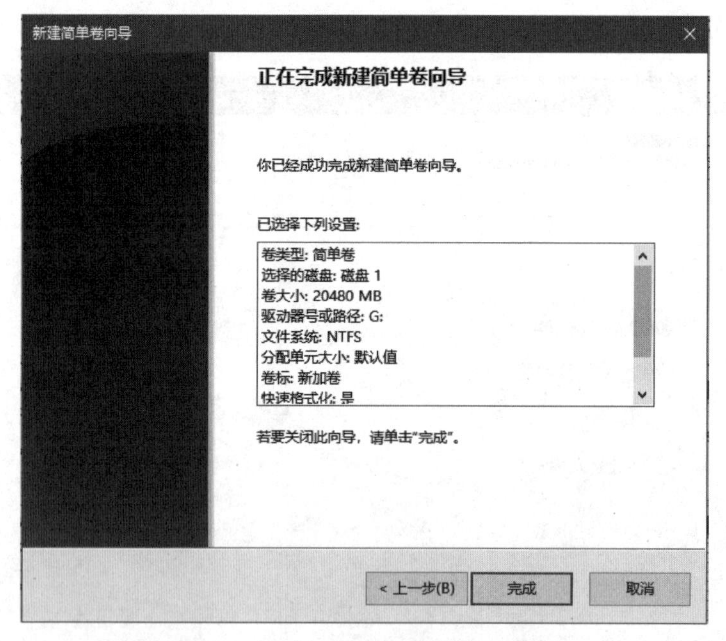


图 5.17　完成“新建简单卷向导”窗口

（3）使用专业分区与格式化软件进行操作。

专业分区与格式化软件有多种，大致功能和流程都大同小异，下面以 DiskGenius 工具对 16G U 盘（大白菜 U 盘）进行分区和格式化操作为例来进行介绍。

打开 DiskGenius 后，可以很明显看到当前硬盘分区情况，如图 5.18 所示。

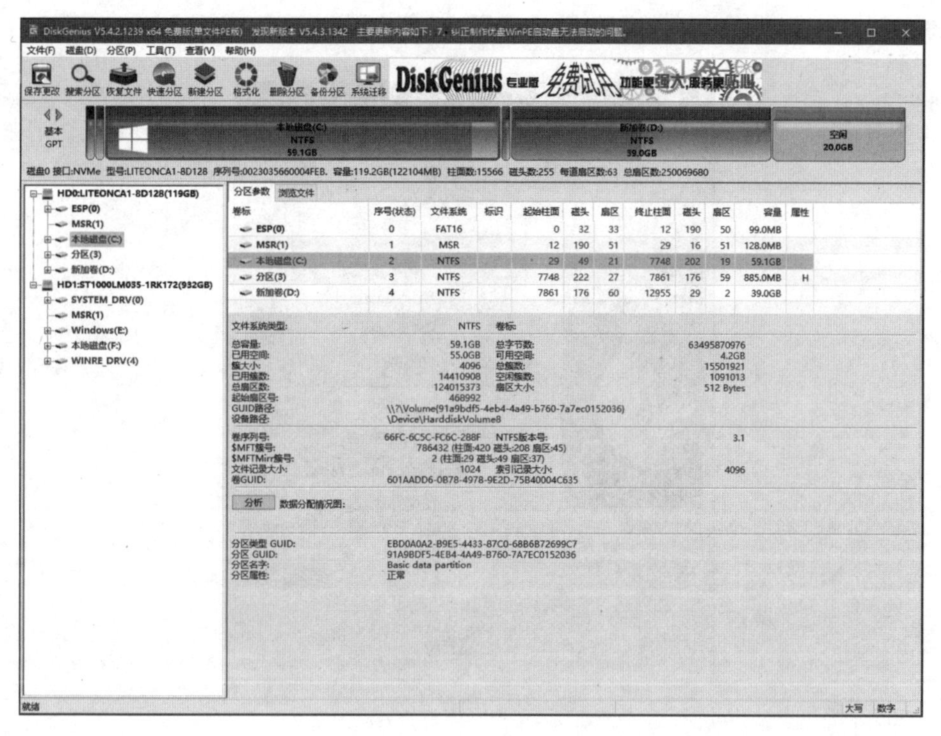


图 5.18　DiskGenius 窗口

如果不满意现有分区，可以删掉后重新分区，如图 5.19 所示。

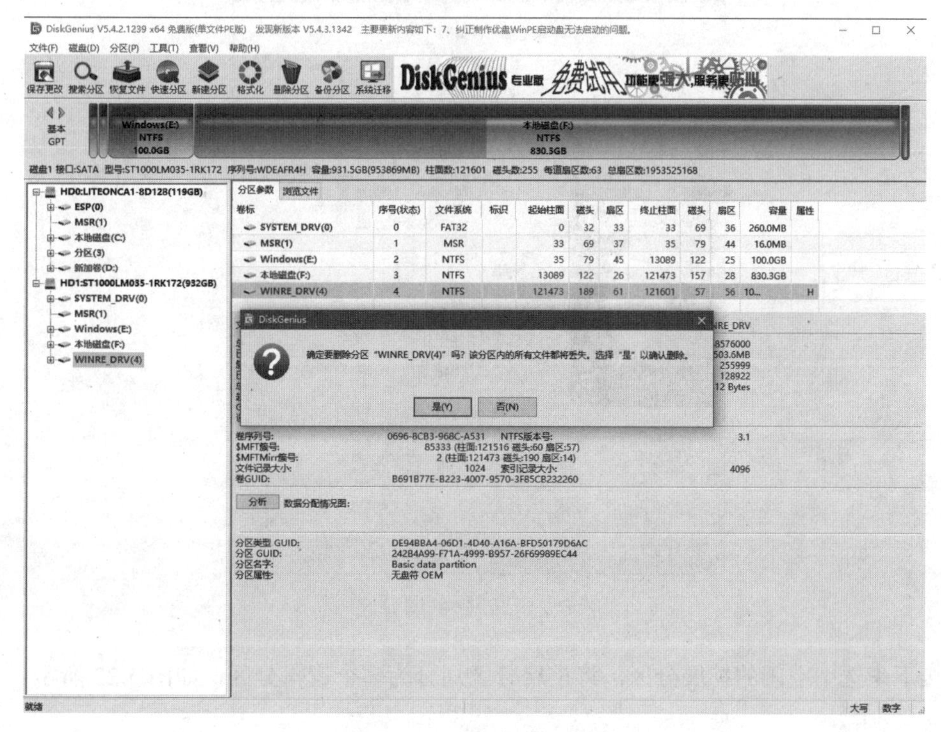


图 5.19　删除分区对话框

将原来分区删除完成后，就可以新建主分区了，如图 5.20 所示。

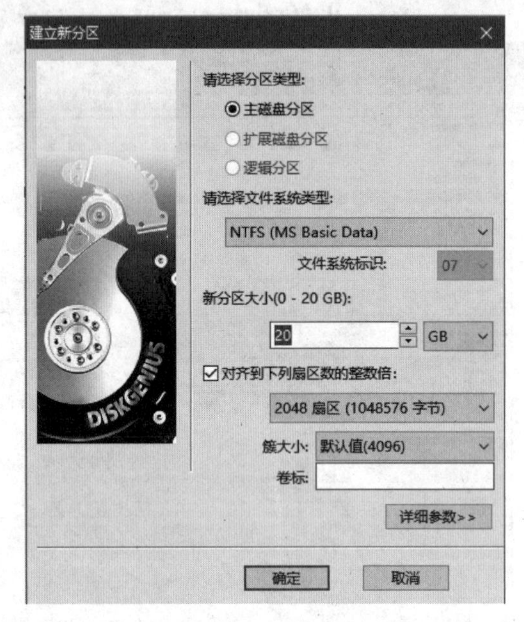


图 5.20　新建主分区

主分区创建完成后，将剩下的所有磁盘空间都创建为扩展分区，如图 5.21 所示。

图 5.21　新建扩展分区

接下来选中空闲的扩展分区，将扩展分区划分为多个逻辑分区，如图 5.22 所示。

图 5.22　创建逻辑分区

分区创建完毕后，单击界面左上角的“保存更改”按钮，如图 5.23 所示。

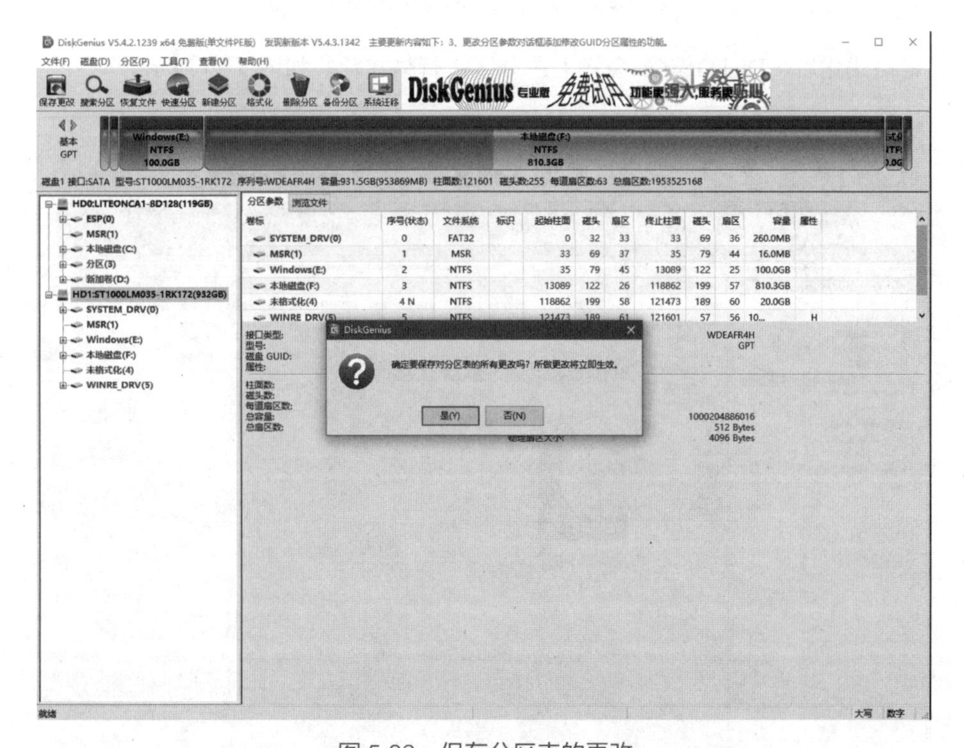


图 5.23　保存分区表的更改

⑦保存分区表信息后，DiskGenius 会询问“是否立即格式化下列新建立的分区”，如图 5.24 所示。

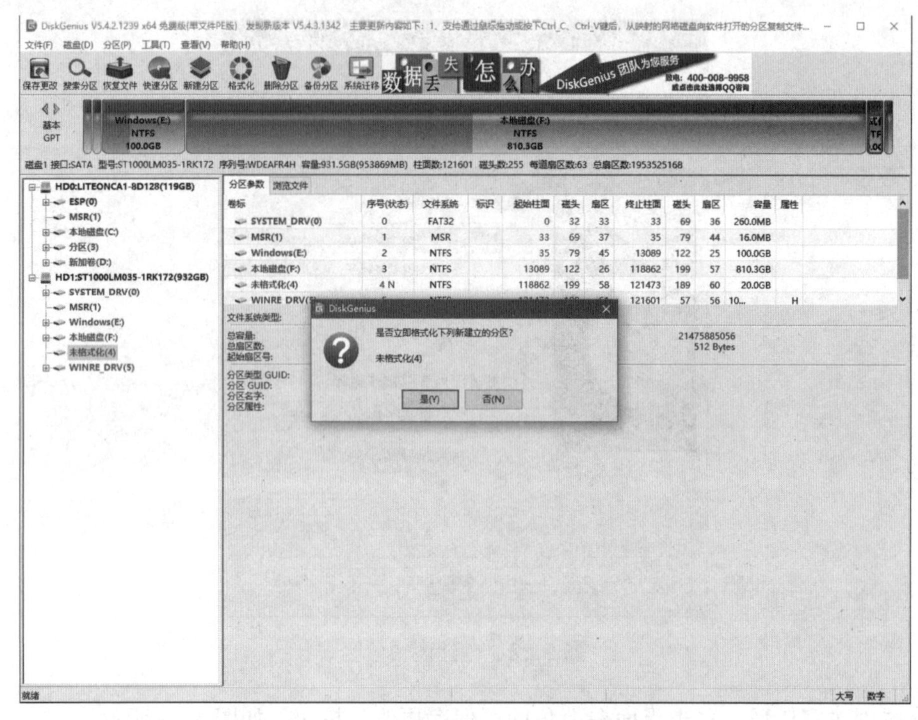


图 5.24　是否格式化新建分区窗口

确定格式化后，DiskGenius 会将上述分区进行格式化，如图 5.25 所示。

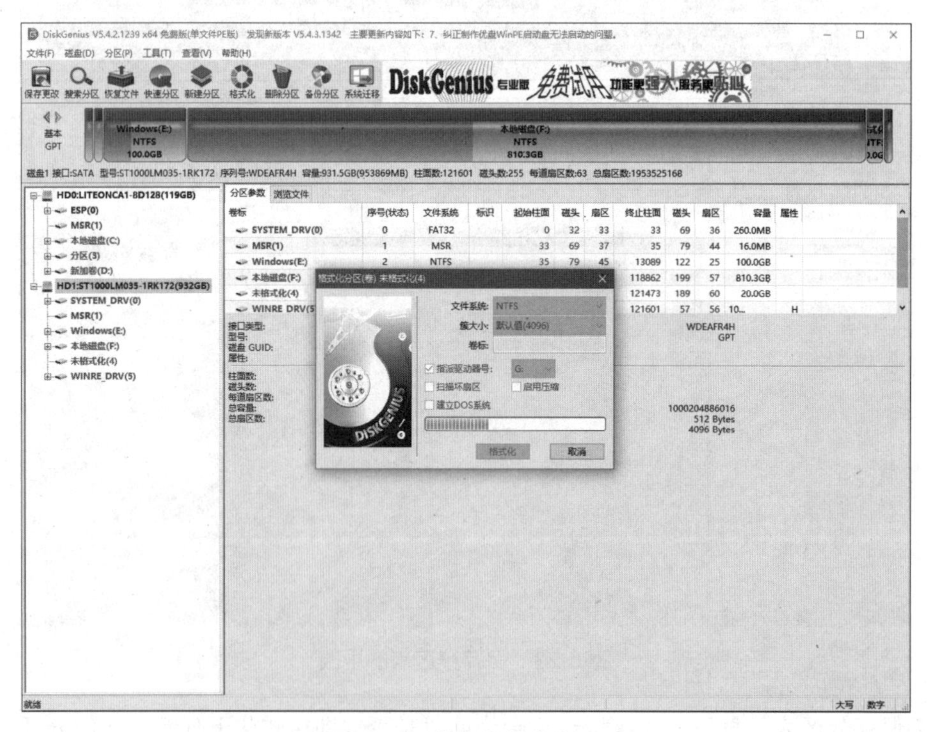


图 5.25　格式化新建分区

⑨最新版本的 DiskGenius 还提供快速分区的功能，能够灵活调整分区的数目及每个分区的空间大小，让分区的格式化操作更为便捷，如图 5.26 所示。

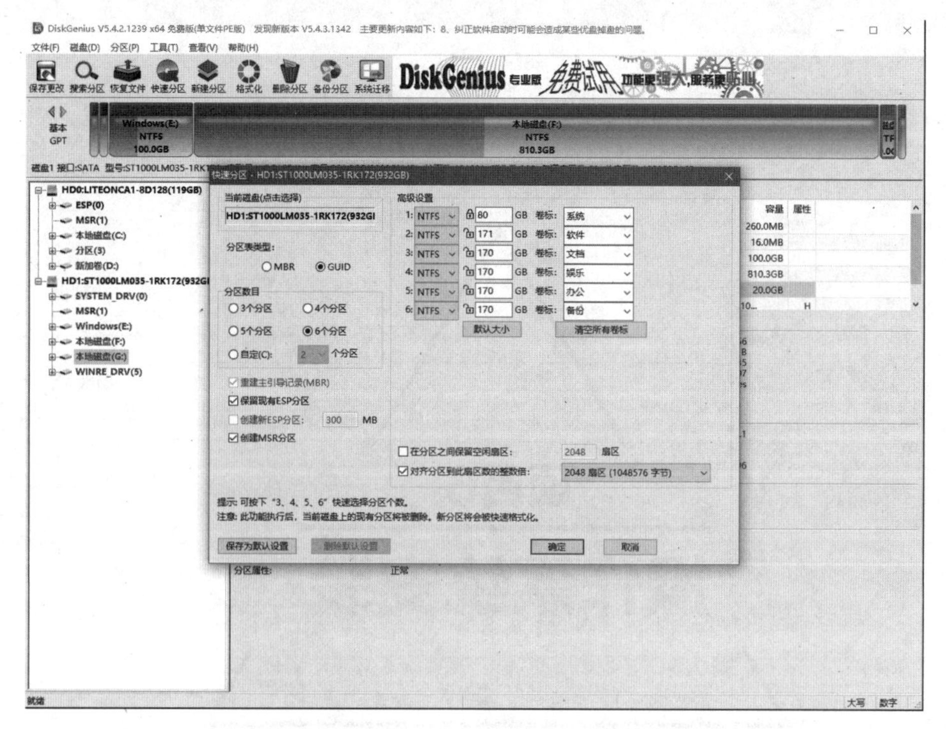


图 5.26　“快速分区”窗口

# 项目6 操作系统安装

### 项目简介

在完成了 BIOS 设置和硬盘的分区及格式化后，可以开始准备安装操作系统。系统的安装一般出现在全新购置的计算机及计算机系统崩溃时进行。

### 知识目标

1. 掌握常用操作系统的特点。
2. 掌握常用操作系统的安装方法。
3. 掌握虚拟机的安装及使用方法。

### 能力目标

1. 能够根据使用情况的不同选择不同的操作系统。
2. 能够独立完成 Windows 系统的安装。
3. 能够正确安装虚拟机，并在虚拟机下正确安装操作系统。

# 任务 1　系统相关知识

## 1.1 任务导入

小李同学在完成了系统安装的准备工作 ——BIOS 设置和硬盘的分区及格式化后，准备安装操作系统，但是现在操作系统有很多，如 Windows、Mac OS、Linux 等，到底哪个系统更适合自己呢？

## 1.2 任务提要

目前主流的操作系统有 Windows 系列的 Windows 7、Windows 10，MAC 系列的

MAC OS，Linux 系列的 Ubuntu、CentOS，等等。

## 1.3 任务实施

Windows 操作系统是美国微软公司研发的一套操作系统，其采用图形化模式，从 1985 年发布开始不断更新，系统架构从 16 位到 32 位，再到 64 位，系统版本从最初的 Windows 1.0 到 Windows 95、Windows 98、Windows Me、Windows 2000、Windows 2003、Windows XP、Windows Vista、Windows 7、Windows 8、Windows 8.1、Windows 10、Windows 11 和 Windows Server 服务器企业级操作系统。Windows 系统现在已经成为最常用的操作系统之一。

Windows 系列主要包含的版本有 Windows Starter（初级版）、Windows Home Basic（家庭普通版）、Windows Home Premium（家庭高级版）、Windows Professional（专业版）、Windows Enterprise（企业版）、Windows Ultimate（旗舰版）。

（1）Windows Starter（初级版）是 Windows 操作系统所有的版本中功能最少的一个版本，该操作系统主要用于类似上网本的低端计算机。

（2）Windows Home Basic（家庭普通版）是简化的家庭版。

（3）Windows Home Premium（家庭高级版）主要面向家庭用户，包含所有桌面增强和多媒体功能。

（4）Windows Professional（专业版）面向计算机爱好者和小企业用户，具有较好的网络功能及数据保护功能。

（5）Windows Enterprise（企业版）是面向企业市场的高级版本，主要针对企业发售，通过与微软有软件保证合同的公司进行批量许可出售，不在 OEM 和零售市场发售。

（6）Windows Ultimate（旗舰版）拥有所有功能，与 Windows Enterprise（企业版）基本是相同的产品，仅仅在授权方式及其相关应用和服务上有区别。

在上述的六个版本中，一般推荐使用 Windows Ultimate（旗舰版）。

同时，Windows 系统包含 32 位和 64 位两种，在功能和外观上来看，两者是没有任何区别的，不同的在于 32 位系统最高只支持 4G 内存，64 位系统最高支持 192G 内存。

# 任务2　Windows系统安装

## 2.1 任务导入

小李同学在了解了目前主要使用Windows操作系统后，决定使用Windows 10操作系统，但是，目前的Windows操作系统安装主要有升级安装、全新安装和Ghost还原安装三种，到底哪种方式更好？该怎样选择呢？

## 2.2 任务提要

### 1. 升级安装

升级安装是指在现有操作系统的基础上，对其进行版本升级的安装方式，通俗一点来说，就是系统升级，例如，Windows 7升级为Windows 8或Windows 10。这种方式一般来说是可以保留系统文件的。

### 2. 全新安装

全新安装是指对计算机安装全新的操作系统，一般是针对没有安装操作系统或操作系统被破坏而需要重新安装系统的计算机。这种安装方式一般来说在安装前都会对安装系统的硬盘分区进行格式化处理。该安装方法是一步步进行安装，因此安装时间较长，但是，可以在安装的过程中进行安装组件的选择。

### 3. Ghost还原安装

Ghost还原安装实际上是一种将已有的操作系统复制，还原到需要安装操作系统的计算机的一种方式，形象一点来说，更像是压缩和解压的形式。由于Ghost还原安装是将已经完成的操作系统进行复制后解压到需要安装的计算机，因此，安装速度是相当快速的，同时，也可以省略掉众多安装手续，如驱动的安装等。

## 2.3 任务实施

### 1. windows 10 升级安装

Windows10 系统的升级安装是在用户使用计算机时系统自动提示用户，用户只需选择是否升级或稍后升级，若硬件不满足标准则会检测出无法升级，并会显示出原因。（2017年后微软已不提供 win7 免费升级 win10 的服务。）

### 2. Windows 10 全新安装

Windows 10 系统对计算机的基本配置要求：CPU 需要在 1 GHz 以上；内存至少 1 G，推荐 2 GB ；显卡需要支持 Directx9 及以上；硬盘空间需要满足 16 GB 以上。

下面以安装 Windows 10 简体中文版为例来介绍 Windows 10 的全新安装过程。

（1）制作好 Windows 10 系统安装的 U 盘，设置好 BIOS 从 U 盘启动，启动计算机后，显示界面如图 6.1 所示，设置好输入语言和其他首选项，单击“下一步”。

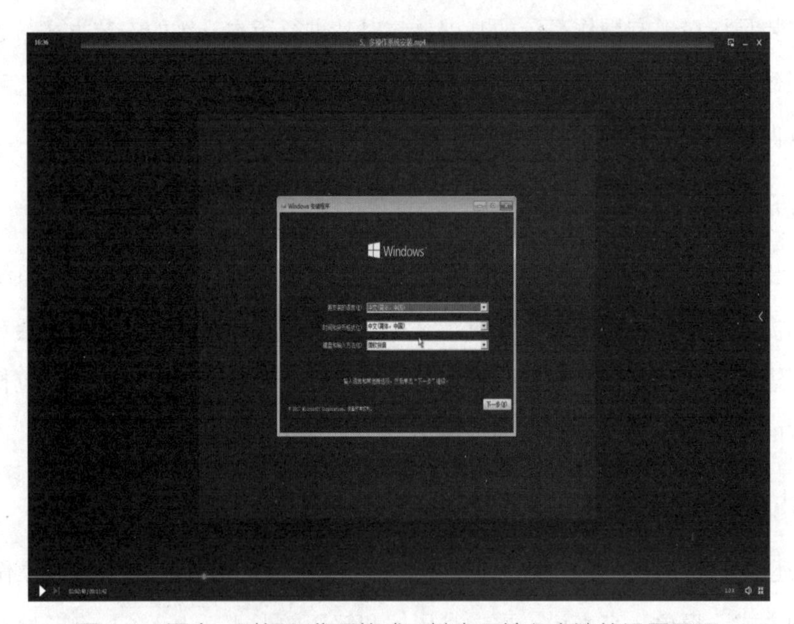


图 6.1　语言、时间和货币格式、键盘和输入方法的设置界面

（2）单击“现在安装”，开始安装系统，如图 6.2 所示。

（3）进入安装程序启动界面，如图 6.3 所示。

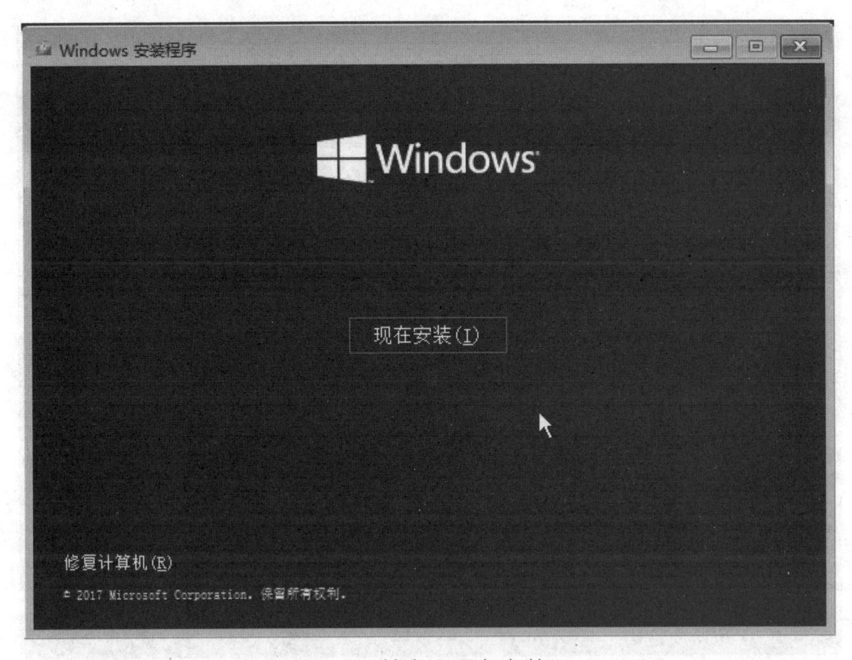


图 6.2　单击“现在安装”

图 6.3　安装程序启动界面

（4）进入激活 Windows 安装程序界面，输入产品密钥（产品密钥一般在安装光盘上或在安装文件夹的 sn.txt 文件里）激活界面如图 6.4 所示。

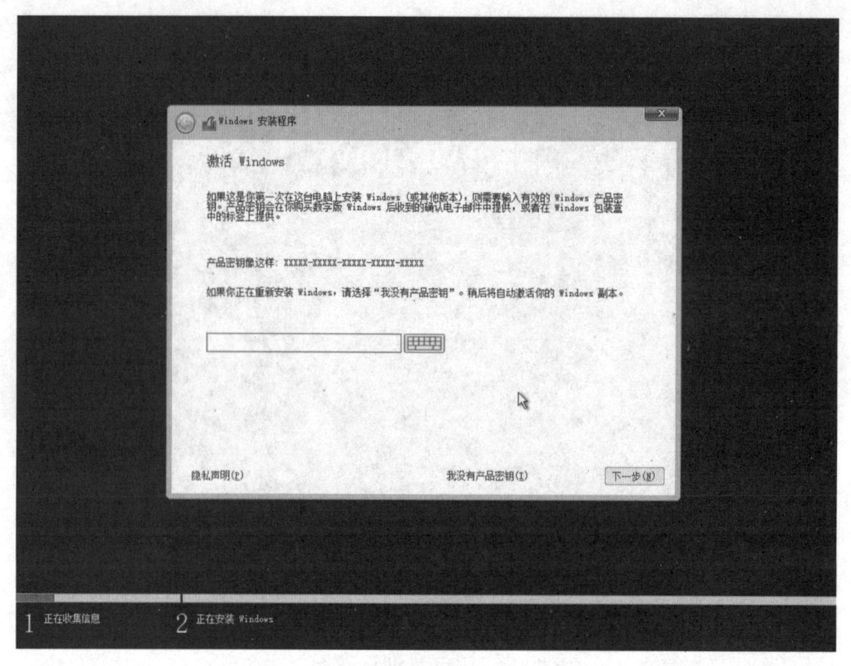


图 6.4 “激活 Windows”界面

（5）进入系统选择界面，选择要安装的操作系统，如图 6.5 所示界面。

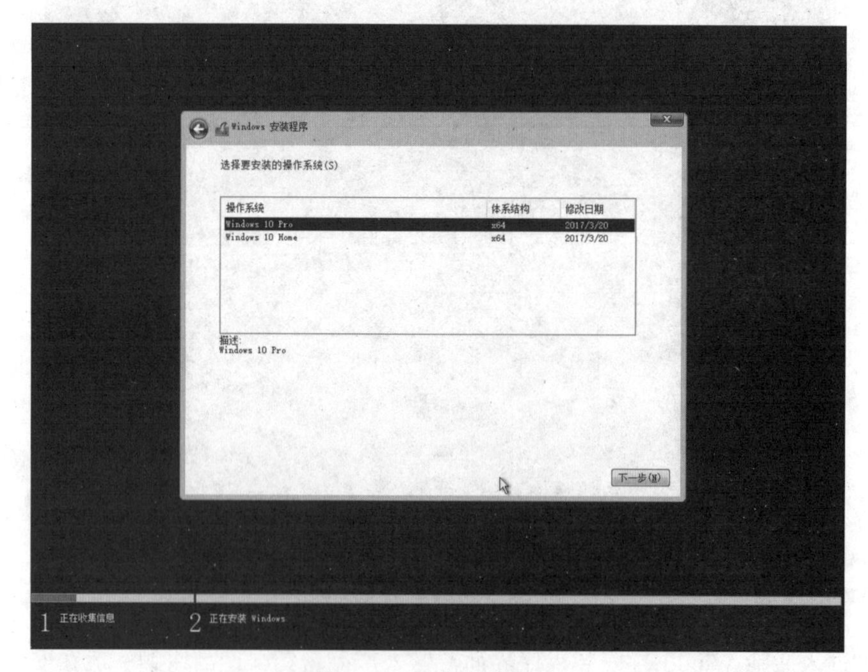


图 6.5 系统选择界面

（6）勾选“我接受许可条款”复选框后，单击“下一步”按钮，如图 6.6 所示。

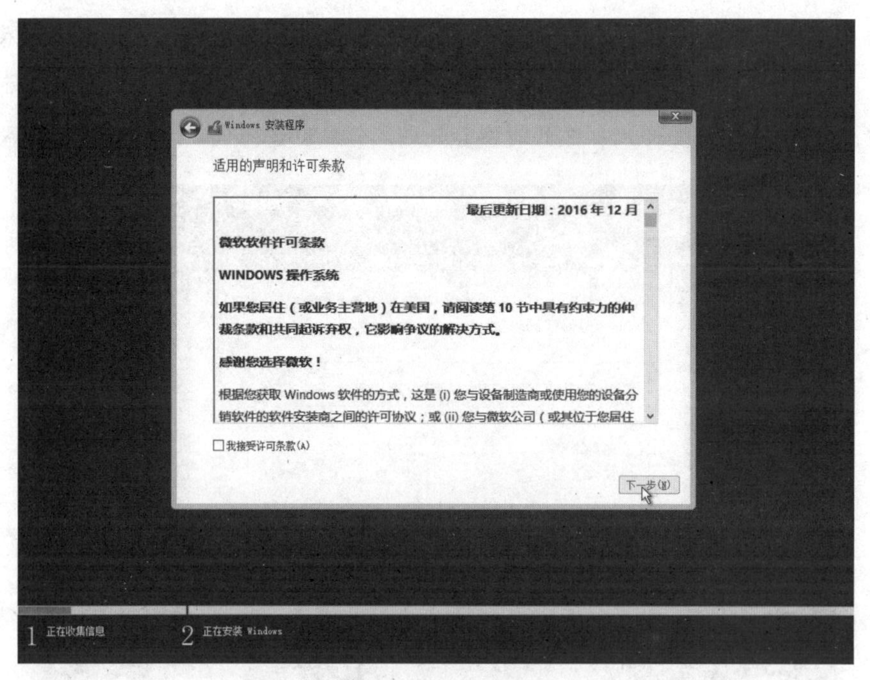


图 6.6　许可条款界面

（7）进入安装类型选择界面后，根据不同需要，可以选择“升级”或“自定义”任一种安装方式，如图 6.7 所示。这里选择“自定义：仅安装 Windows（高级）”选项进行全新安装。

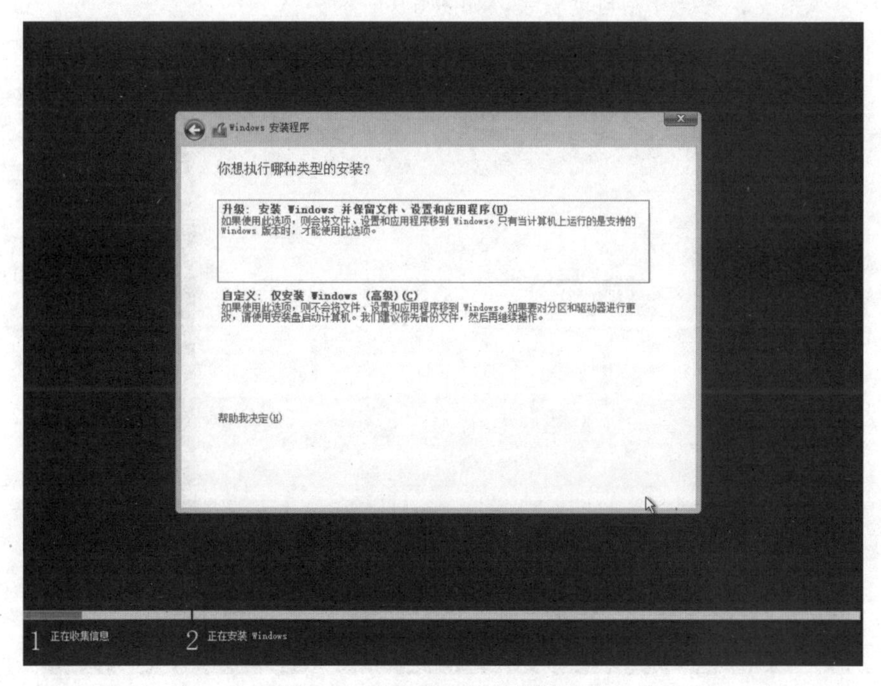


图 6.7　系统安装类型选择界面

（8）由于前面已经对硬盘进行了分区及格式化操作，因此，在这里就直接进入分区选择界面，选择需要安装系统的分区，如图 6.8 所示，再单击“下一步”。如果之前没有对硬盘进行分区及格式化操作，那么此时将会先进入分区创建界面，对硬盘进行分区操作。

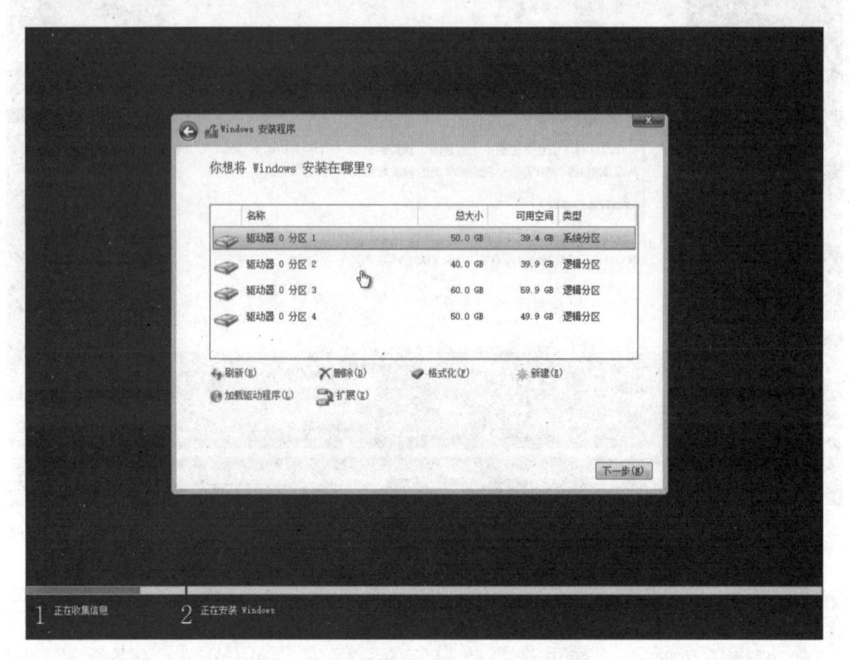


图 6.8　选择安装系统的分区界面

（9）选择完成，系统开始自动安装，如图 6.9 所示。

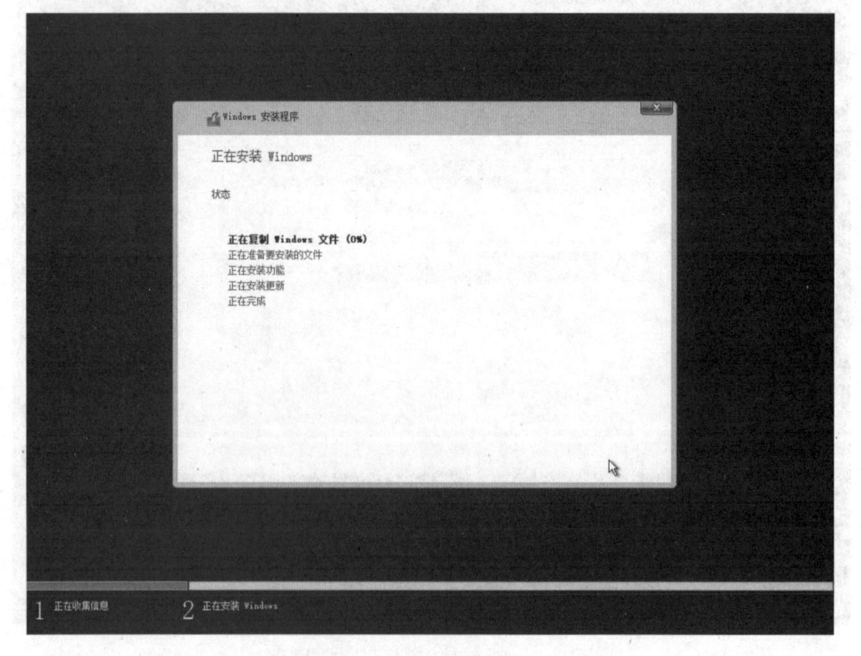


图 6.9　安装界面

（10）系统安装完成后会自动重启，如图 6.10 所示。

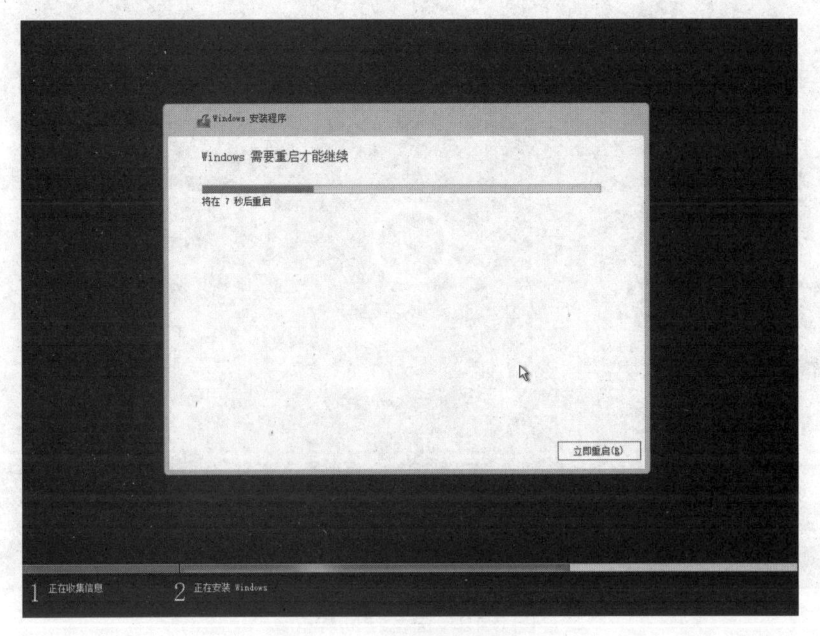


图 6.10　系统重启界面

（11）系统重启，之后将自动进入设备准备进度界面，如图 6.11 所示。完成后会再次自动重启。

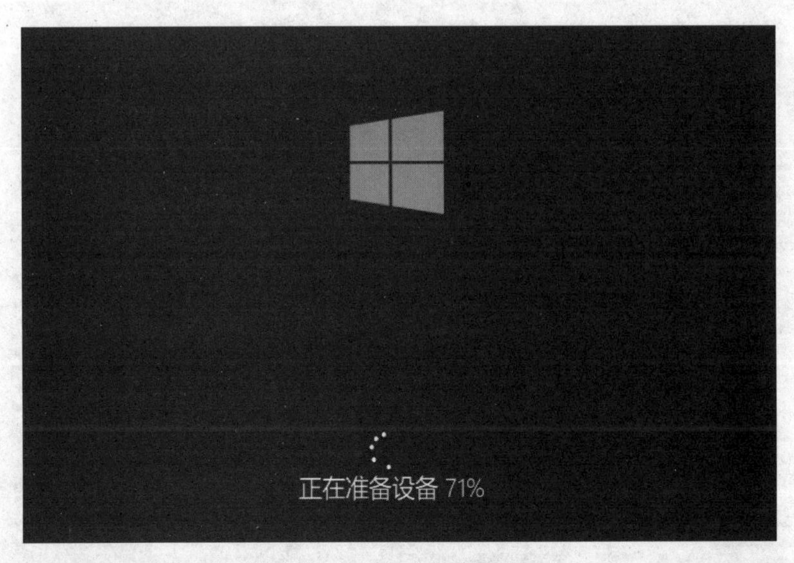


图 6.11　设备准备进度界面

（12）进入 Windows 10 系统配置界面，从这里开始，将会有语音帮助用户进行电脑的配置，如图 6.12 所示。如果不需要语音帮助，也可以单击界面右下角的语音图标关闭即可。

图 6.12 语音帮助界面

（13）此时，会进入半分钟左右的语音帮助介绍，介绍完毕后就可以进入详细设置界面，如图 6.13 所示。

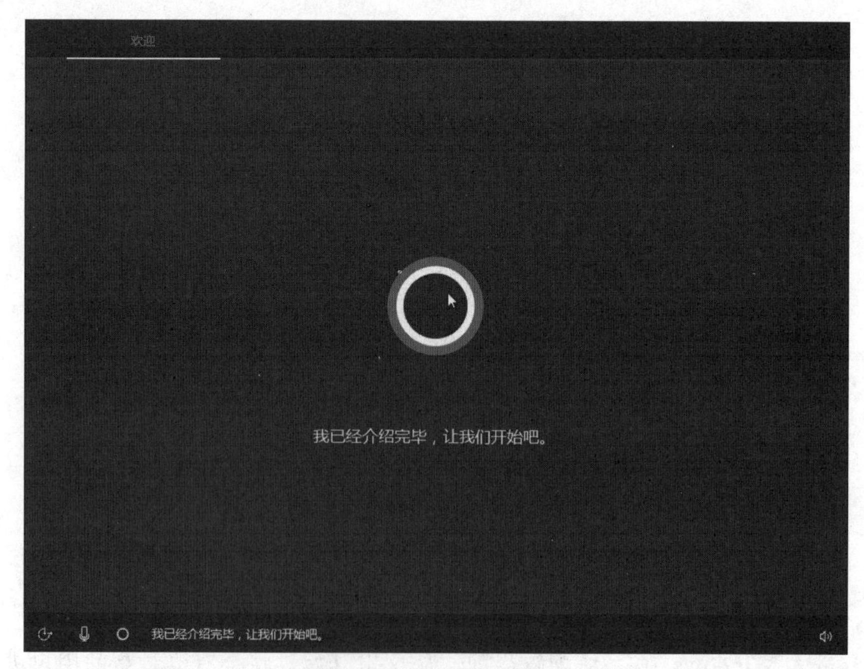


图 6.13 语音帮助介绍完毕

（14）进入区域设置，选择“中国”选项，如图6.14所示，单击“是”按钮进入下一步。

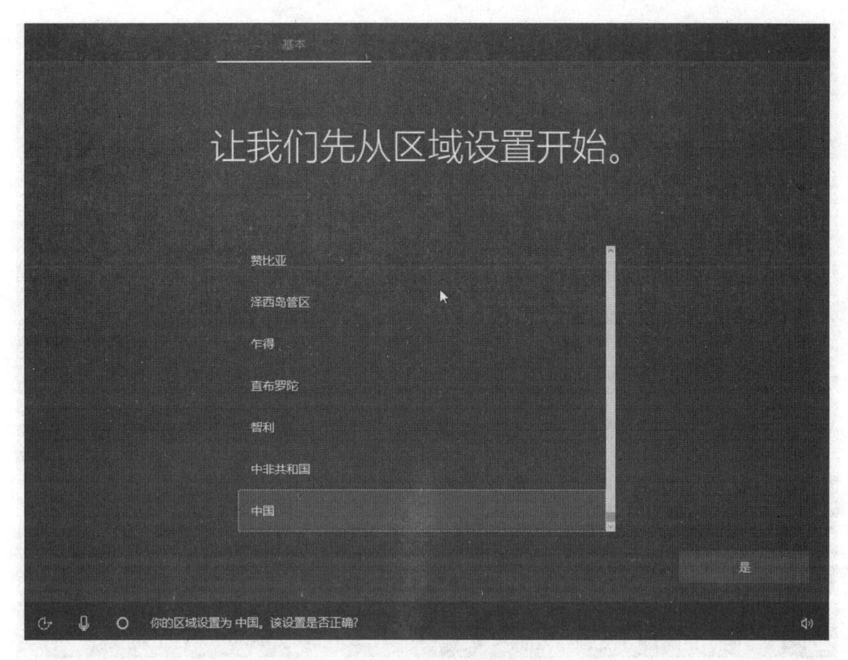


图 6.14　区域设置界面

（15）进入键盘布局设置界面，根据需要设置键盘，如图 6.15 所示，单击“是”按钮进入下一步。

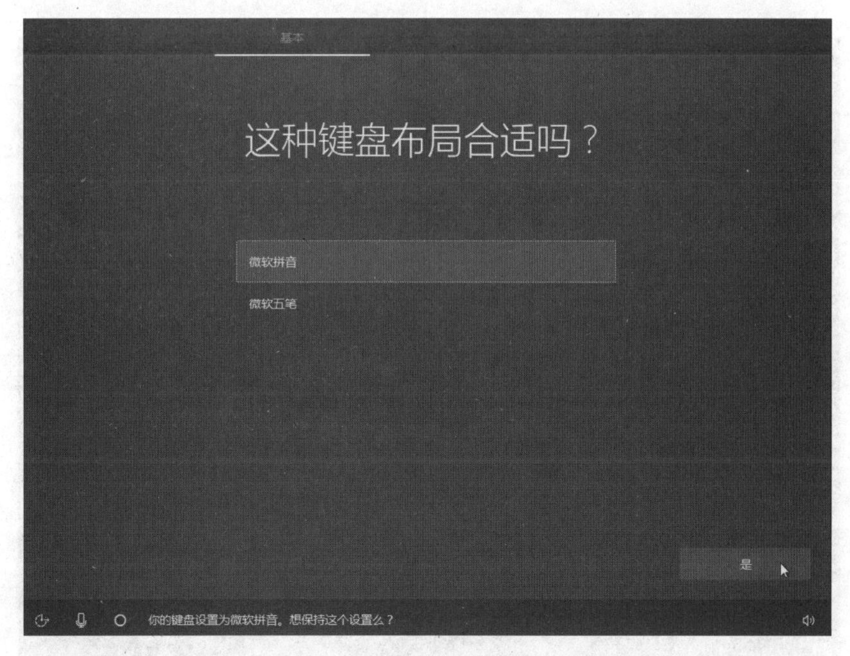


图 6.15　键盘布局设置界面

（16）进入添加第二种键盘布局界面。如果需要添加，选择“添加布局”选项；如果不需要，则可选择“跳过”选项，如图 6.16 所示。

图 6.16　第二种键盘布局界面

（17）进入系统更新界面，如果网络正常并已连接上，则会自动进入系统更新界面，如图 6.17 所示。

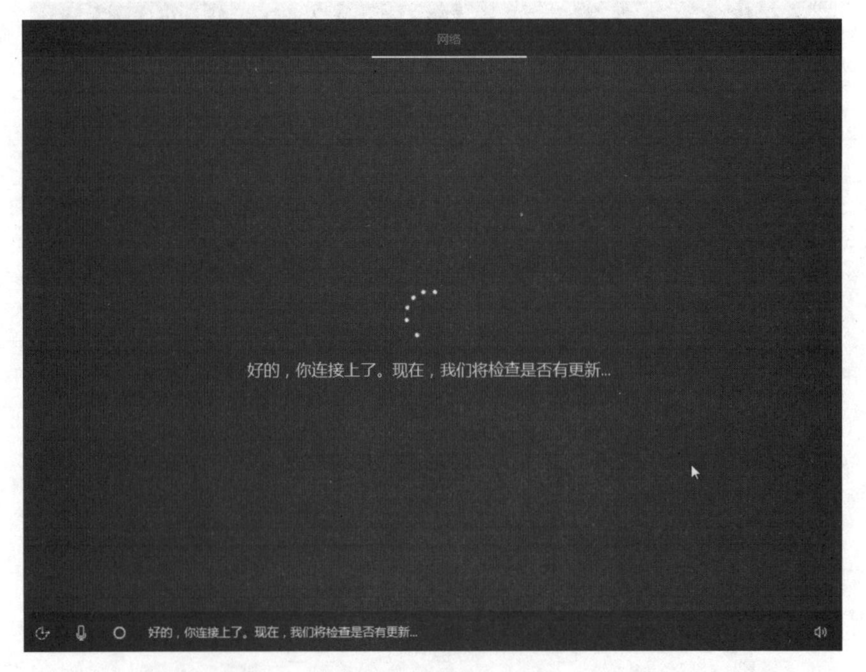


图 6.17　系统更新界面

（18）完成后会收到出现：“已完成。你使用的是最新版本。”如图 6.18 所示。

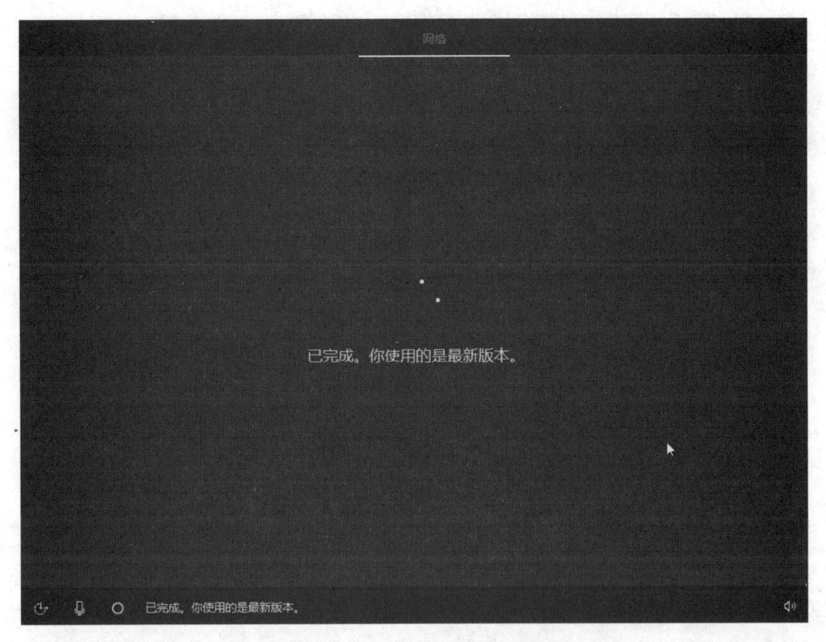


图6.18　系统更新完成界面

（19）接着，会获得重启计算机的提示，如图6.19所示。

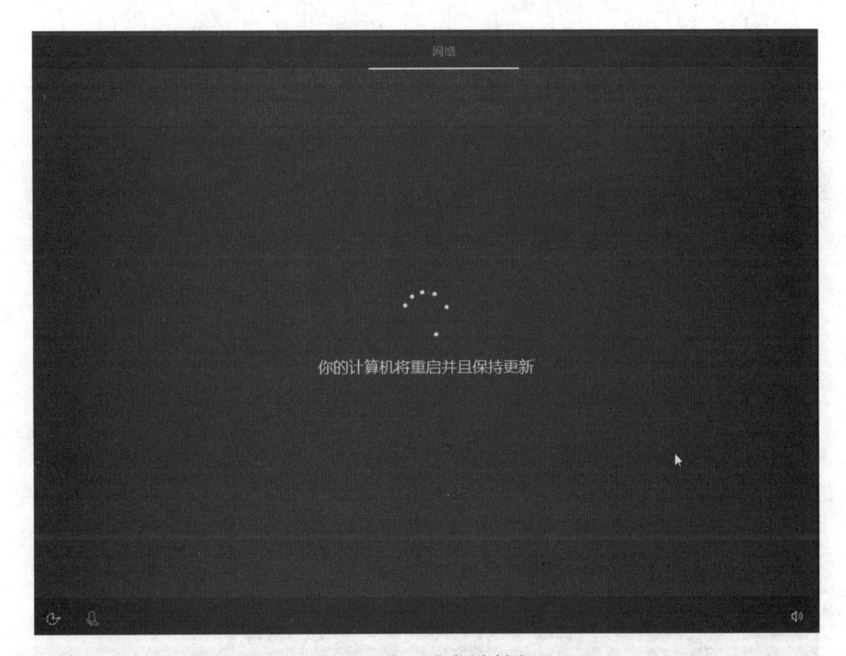


图6.19　重启计算机

（20）重启后进入账户设置界面，有“针对个人使用进行设置”和“针对组织进行设置”两种选择。如果是个人用户，则选择“针对个人使用进行设置”选项；如果是企业等，则选择“针对组织进行设置”选项。这里选择“针对个人使用进行设置”选项，单击“下一步”按钮，如图6.20所示。

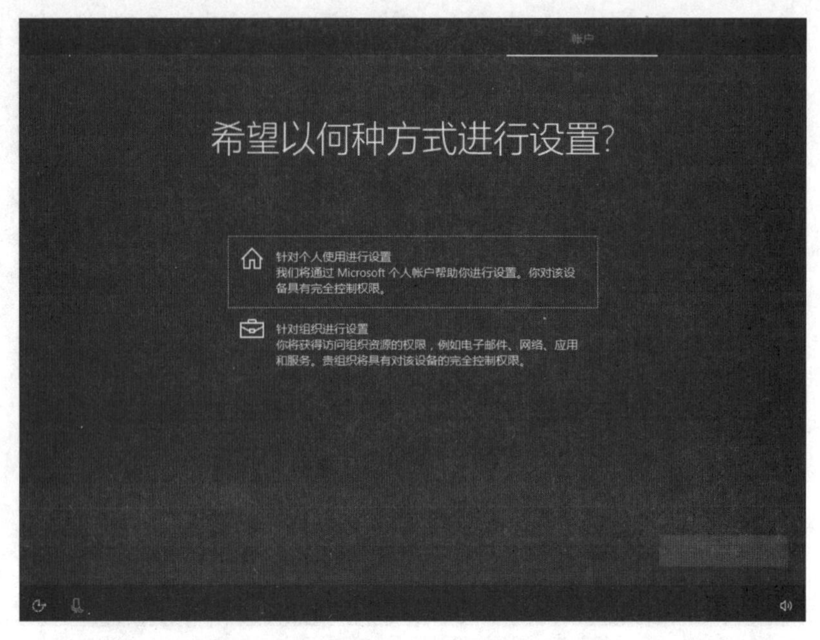


图 6.20　账户设置界面

（21）进入设置 Microsoft 登录账户界面，如图 6.21 所示。如果用户已有 Microsoft 账户，只需输入账户，然后单击“下一步”按钮；如果没有 Microsoft 账户，则需单击“创建账户”。

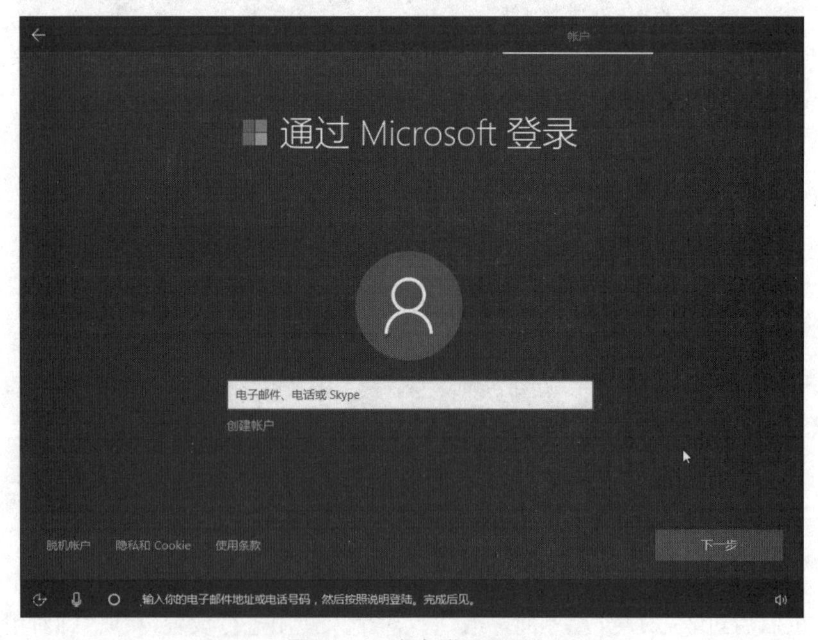


图 6.21　账户登录界面

（22）进入创建账户账号界面，创建账户后单击“下一步”按钮，如图 6.22 所示。

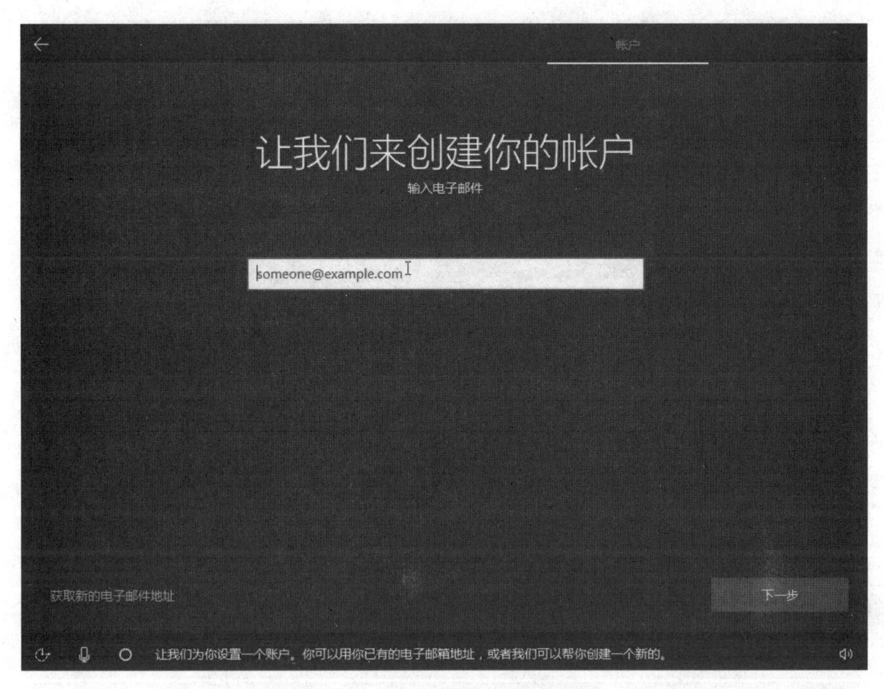


图 6.22　创建账户账号界面

（23）进入创建账户密码界面，设置账户密码后单击“下一步”按钮，如图 6.23 所示。

图 6.23　账户密码创建界面

（24）根据需求，设置国家 / 地区和出生日期，单击“下一步”按钮，如图 6.24 所示。

图 6.24 “输入国家 / 地区和出生日期”界面

（25）进入个性化定制，根据需要进行勾选或取消，单击“下一步”按钮，如图 6.25 所示。

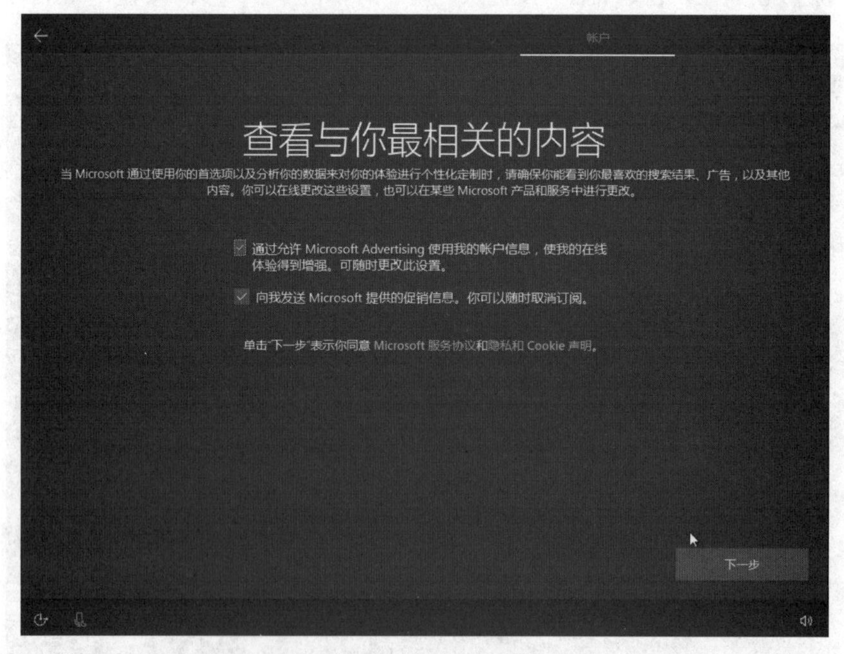


图 6.25 个性化定制界面

（26）进入 PIN 码创建界面，如图 6.26 所示。PIN 码也是一种登录 Windows 账户的密码，但它独立于 windows 账户密码。PIN 码全部由数字组成，便于记忆，且只能在本机上使用，也就是说，远程登录时是不能使用 PIN 码登录的，这样就提高了计算机的安全性。

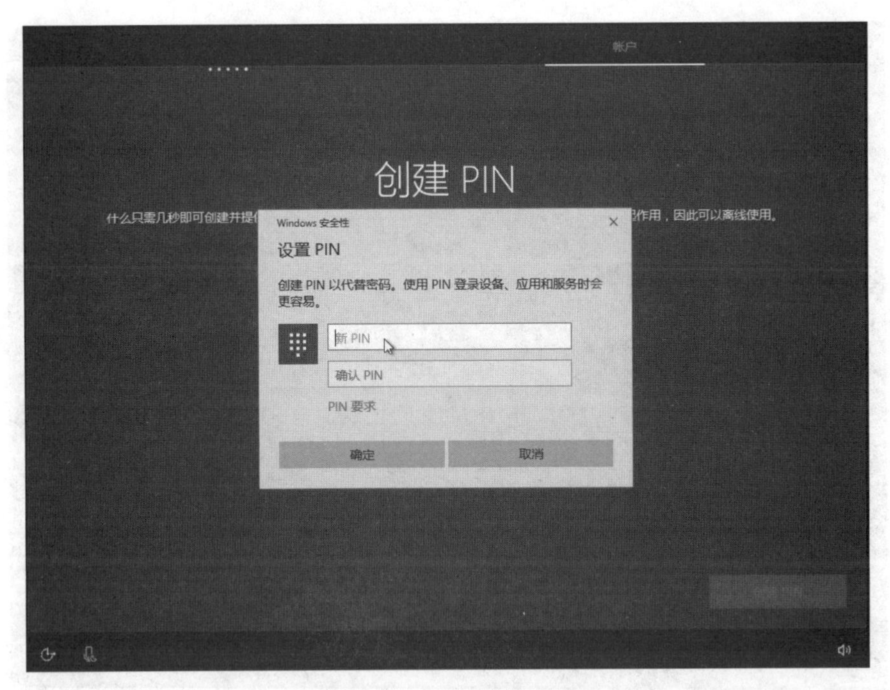


图 6.26 PIN 码创建界面

（27）进入启用语音助理设置界面，可根据需要进行设置，如图 6.27 所示。

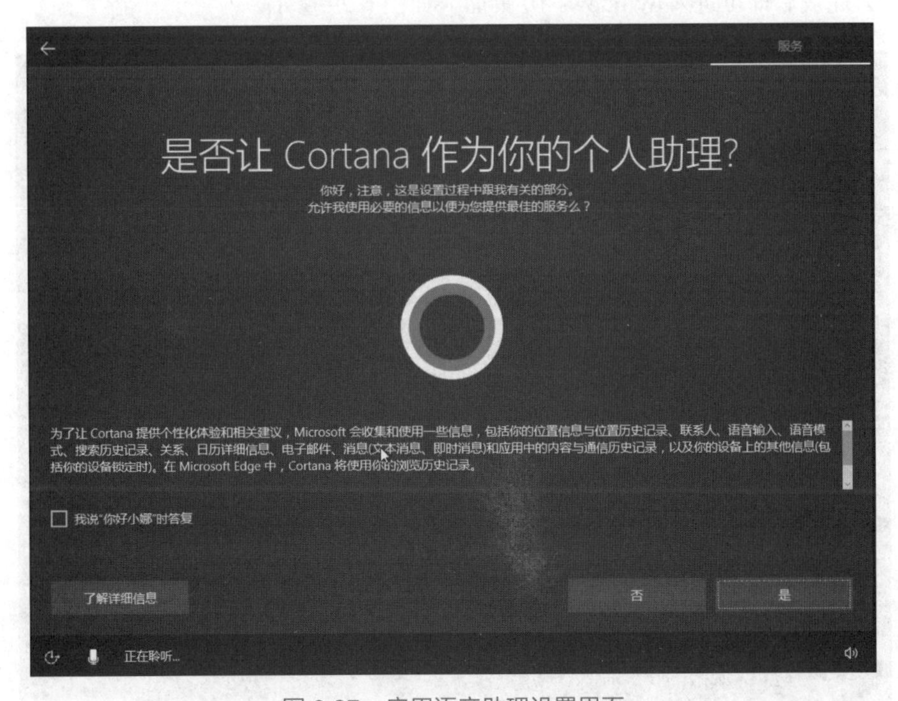


图 6.27 启用语音助理设置界面

（28）进入隐私设置界面，可根据需要对各选项选择开启或关闭，单击“接受”按钮，如图 6.28 所示。

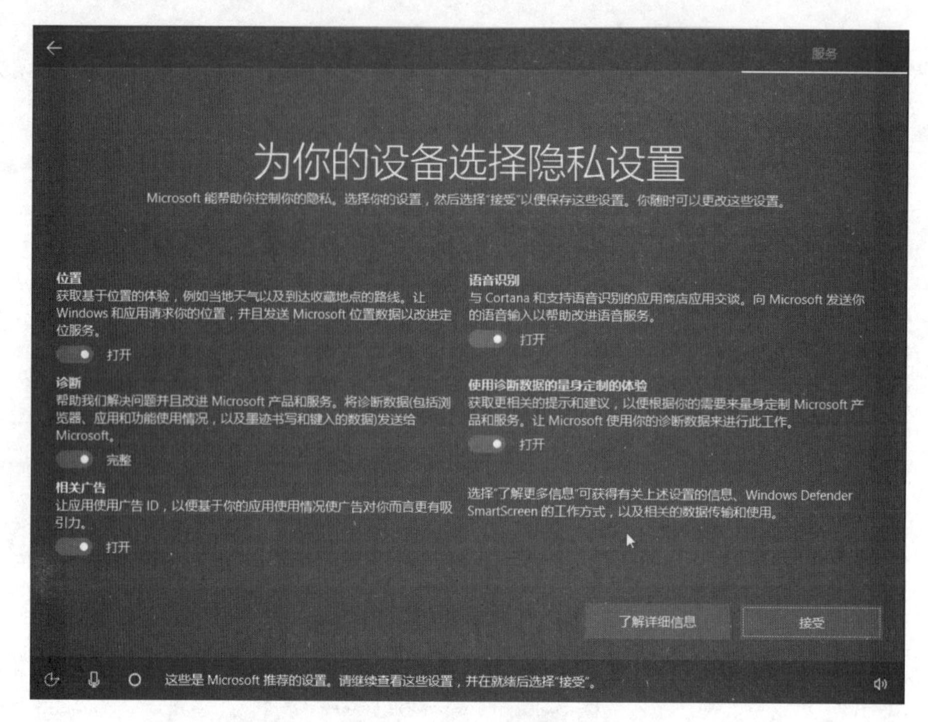


图 6.28　隐私设置界面

（29）完成后即可进入 Windows 10 桌面，如图 6.29 所示。

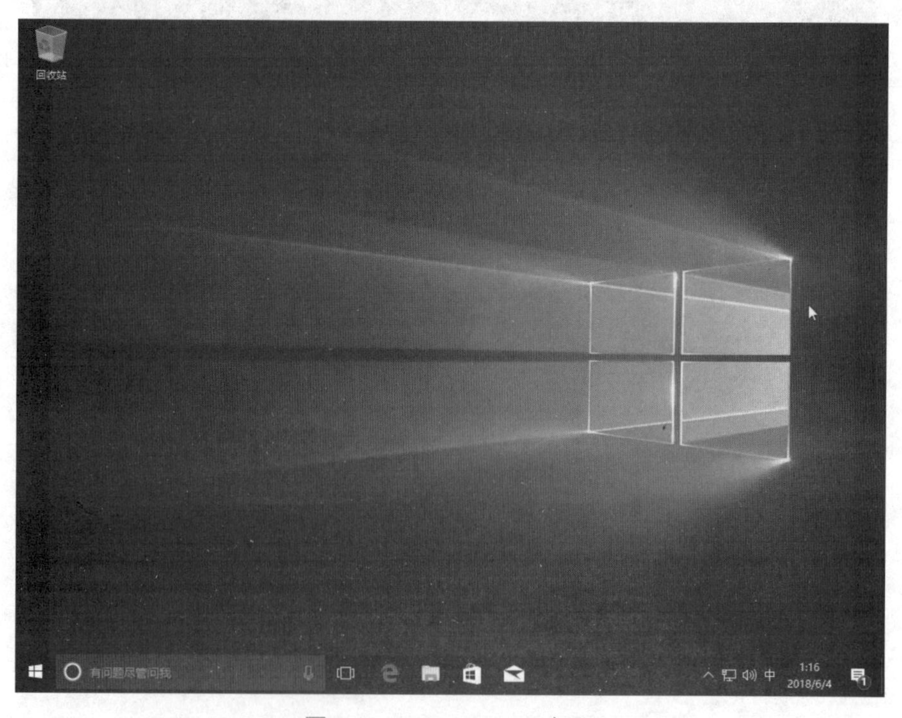


图 6.29　Windows 10 桌面

# 任务3　虚拟机安装

## 3.1 任务导入

小李同学安装了 Windows 10 操作系统后，在使用过程中发现，虽然 Windows 10 操作系统性能较好，但是也有不方便的时候，例如想玩一款以前玩过的游戏，却发现 Windows 10 对其不支持，这让小李同学很苦恼。听朋友们说，可以安装一台虚拟机，然后在虚拟机里安装支持该游戏的 Windows 系统，这样既可以体验以前的游戏，又不会对现有的 Windows 10 系统造成影响，这让小李同学很心动。于是，他决定试试虚拟机。

## 3.2 任务提要

虚拟机是指通过软件模拟的具有完整硬件系统功能的、运行在一个完全隔离环境中的完整计算机系统，通俗的说法就是通过软件虚拟出来的计算机。这个虚拟出来的计算机和真实的计算机几乎完全一样，不同的是，它的硬盘是在一个文件中虚拟出来的，所以可以随意修改虚拟机的设置，而不用担心对自己的计算机造成损失。

虚拟机可以用来调试软件、测试兼容性、安全性等等。

VMware Workstation 简称 VM 虚拟机，是一款功能强大的桌面虚拟计算机软件，它可以在一部实体机器上模拟完整的网络环境，支持虚拟网络，实时快照，拖曳共享文件夹等，并且支持桌面上的多台虚拟机之间切换。

## 3.3 任务实施

下面以安装 VMware Workstation 15 Pro 版为例来介绍 VM 虚拟机的安装过程。

（1）首先在搜索引擎上搜索“VMware Workstation”，进入 VMwaer 官方网站，下载 VM 虚拟机的安装程序，下载完成后，直接双击进行安装，安装启动界面如图 6.30 所示。

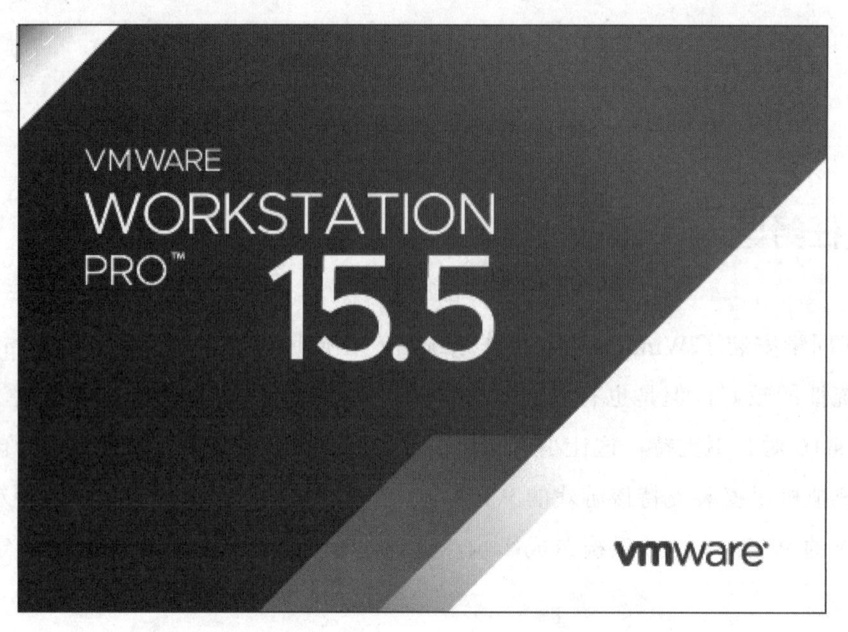


图 6.30　VMware Workstation 15 Pro 安装启动界面

（2）在“VMware Workstation Pro”安装界面中单击“下一步”按钮，如图 6.31 所示。

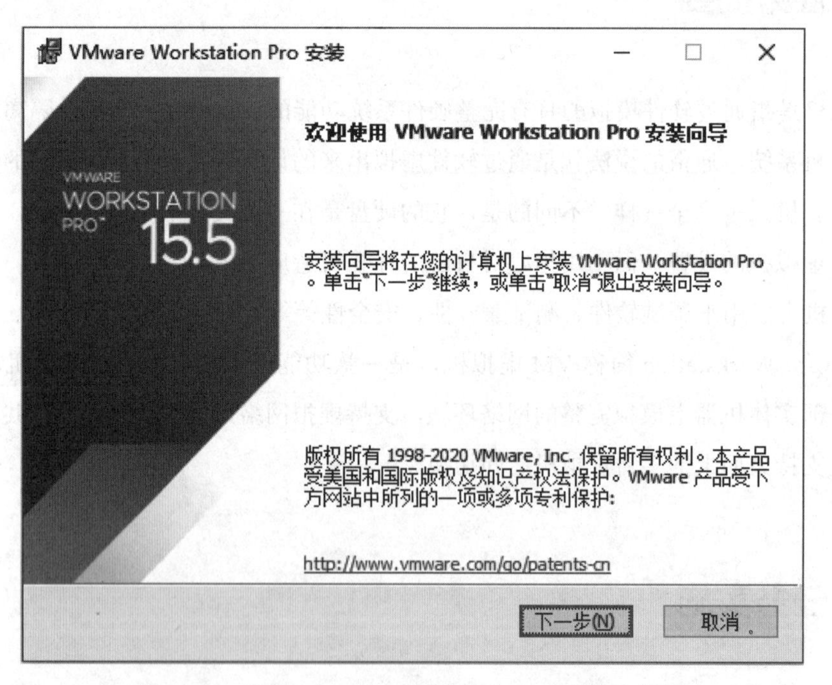


图 6.31　“VMware Workstation 15 Pro 安装”界面

（3）进入“最终用户许可协议”界面，勾选“我接受许可协议中的条款”复选框，单击“下一步”按钮，如图 6.32 所示。

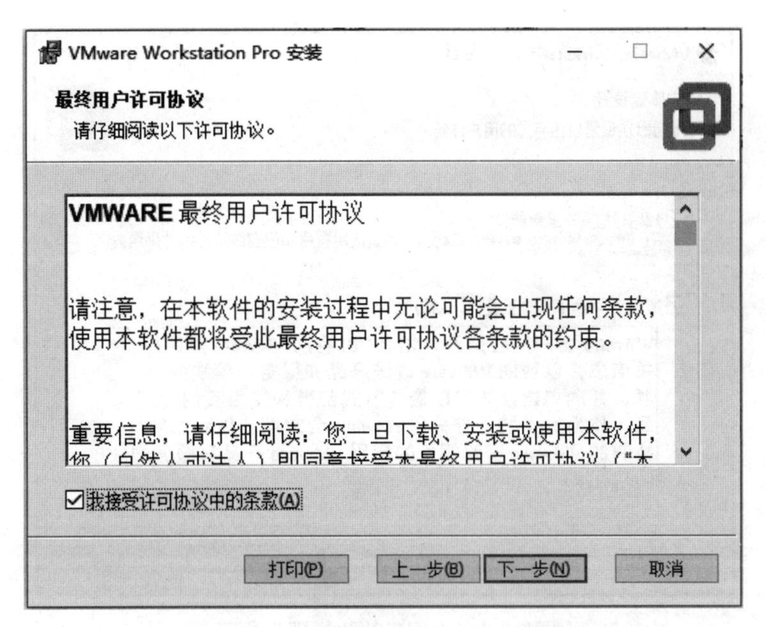


图 6.32 “最终用户许可协议”界面

（4）进入“自定义安装”界面，选择安装路径，单击“下一步”按钮，如图 6.33 所示。

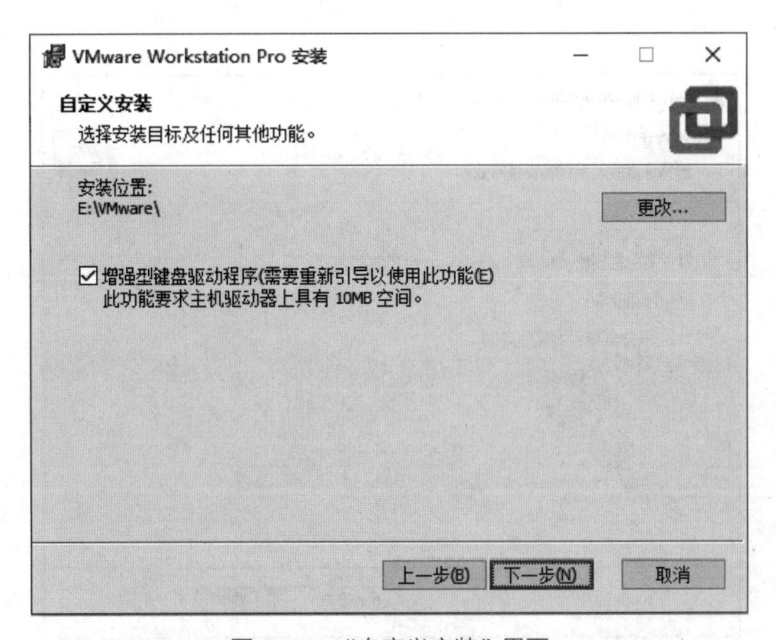


图 6.33 “自定义安装”界面

（5）进入“用户体验设置”界面，可根据需要勾选，完成后单击“下一步”按钮，如图 6.34 所示。

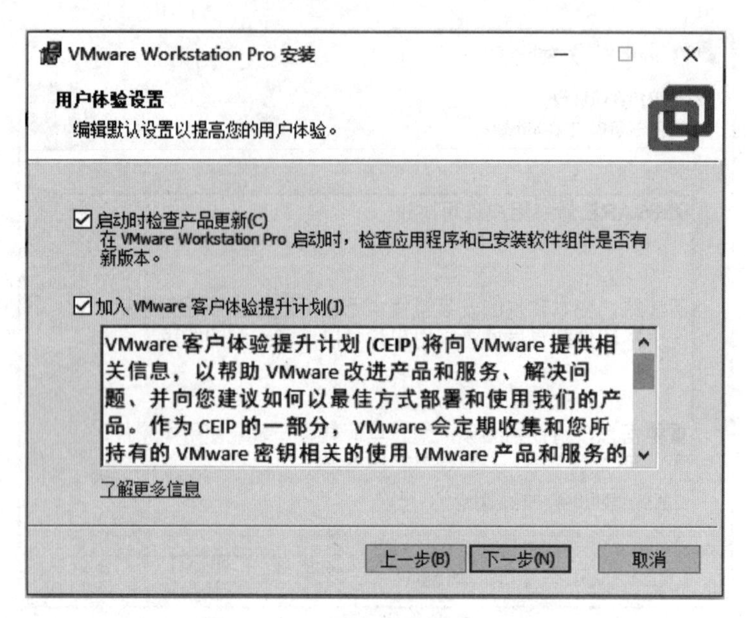


图 6.34 “用户体验设置”界面

（6）进入“快捷方式”创建界面，可根据需要勾选，完成后单击“下一步”按钮，如图 6.35 所示。

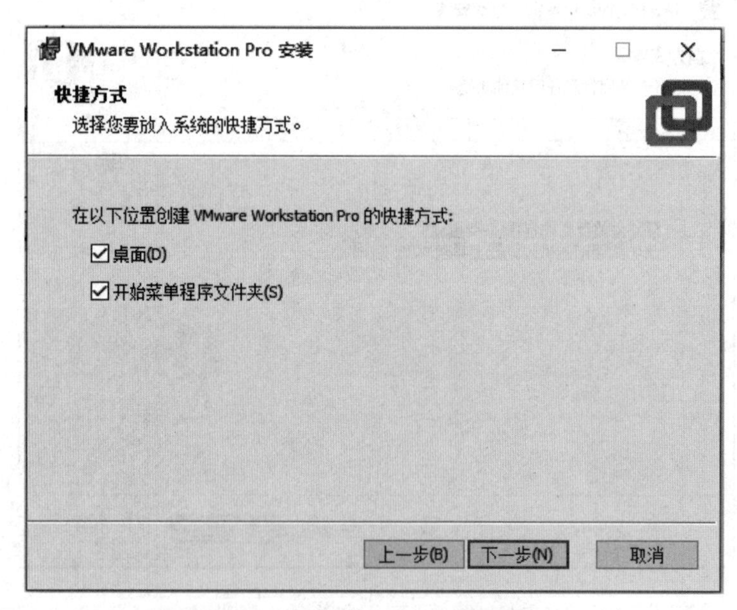


图 6.35 “快捷方式”创建界面

（7）单击“安装”按钮，如图 6.36 所示。

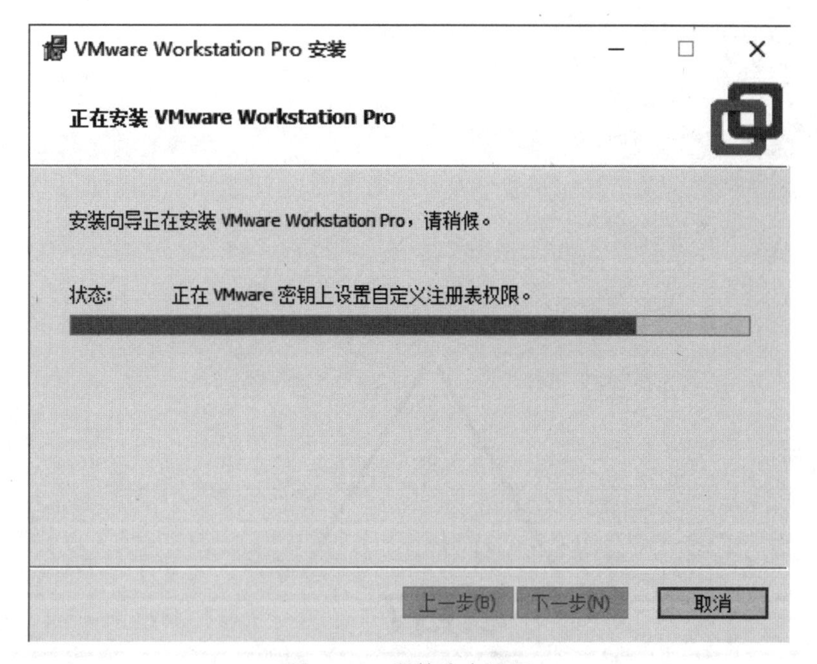


图 6.36　安装确定界面

（8）进入安装过程，直至安装完成。之后根据界面提示，输入许可证即可；也可以直接单击“完成”按钮，在后期使用时再输入许可证。如图 6.37 所示。

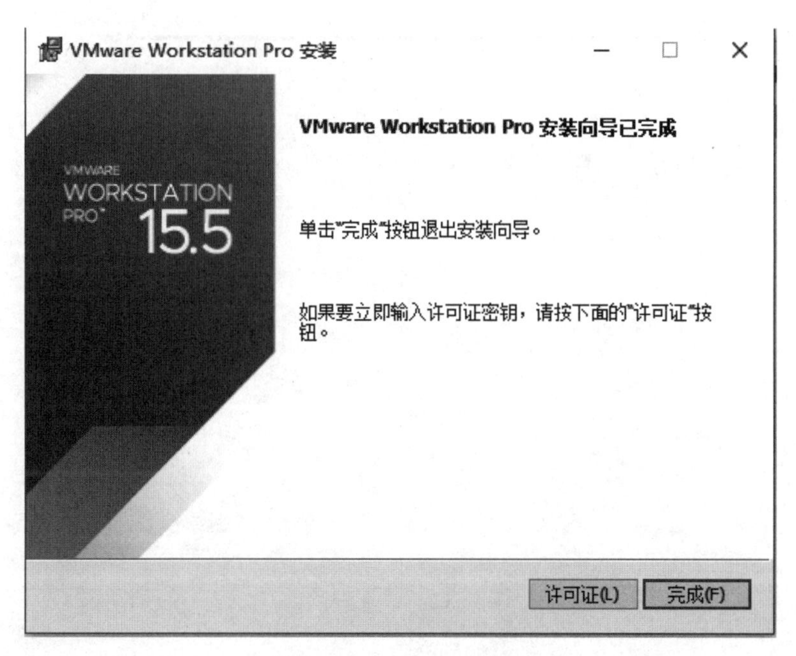


图 6.37　安装完成界面

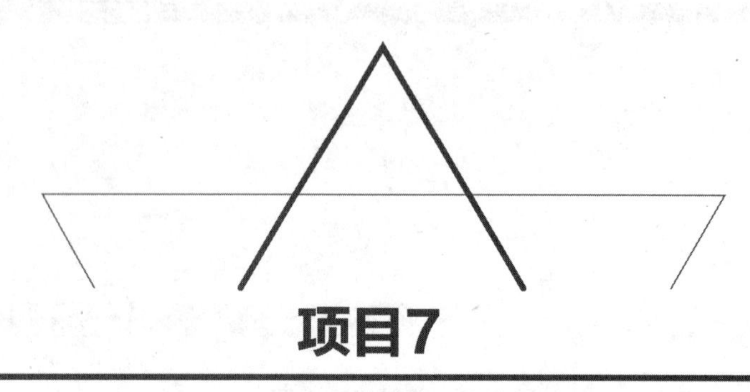

# 项目7

# 驱动程序安装及常用软件使用

## 项目简介

驱动程序是计算机硬件用来与计算机进行沟通的语言，要使硬件能够正常工作，发挥各自的作用，就必须安装相应版本的驱动程序。尽管 Windows 系统提供了强大的即插即用功能，支持许多计算机常用硬件，即使不用安装驱动程序也能够使计算机正常工作，但要使硬件的功能能够很好地发挥出来，建议安装使用由该硬件厂商提供的最新驱动程序。

## 知识目标

1. 理解驱动程序的作用。
2. 掌握硬件驱动程序安装与常用软件的分类。
3. 明确软件安装路径的选择。
4. 掌握简单应用软件与复杂专用软件安装的区别。

## 能力目标

1. 掌握硬件驱动程序安装。
2. 掌握常用软件的下载及安装。

# 任务1　安装驱动程序

## 1.1 任务导入

小李同学已经完成了 Windows 系统的安装，为了使硬件的功能能够更好地发挥出来，他决定安装由硬件厂商提供的最新驱动程序。那么，驱动程序应该如何安装呢？

## 1.2 任务提要

大多数情况下，Windows 系统会附带驱动程序，支持许多计算机常用硬件，但要使硬件的功能很好地发挥出来，最好选择安装由硬件厂商提供的相应配套的驱动程序。如果购买的硬件没有提供相应配套的驱动程序，也可以到其官方网站下载最新驱动程序，或者使用驱动精灵等驱动安装软件进行安装。

## 1.3 任务实施

### 1. 驱动程序

在英文里，驱动被称为“Driver”，原意是“驾驶员”。计算机的硬件就相当于汽车，当用户购买了该硬件后，将其直接安装在计算机上，它是不会正常运行的。这时，就需要一个熟悉它的“驾驶员”去驾驶它，并且该“驾驶员”还需要获得该车型的“驾驶证”后，这辆“车”才能正常运行。而驱动程序就相当于这个“驾驶员”，“驾驶证”就相当于微软认证。

Windows 系统自身集成了大量的驱动程序，在安装了 Windows 系统后，计算机会自动安装基本的驱动程序，但是 Windows 系统提供的驱动程序并非为某个型号的硬件量身定做的，它是通用的，只能提供一些基本功能；同时，驱动程序是在不断更新的，而 Windows 系统提供的驱动程序一般比专用的驱动程序差很多，因此，在一些重要的或易出问题的硬件设备上，最好的方法是使用单独的驱动程序。

一般来说，为了保证系统的稳定性，安装驱动的顺序是先安装主板驱动程序，之后安装板卡驱动程序（声卡、网卡、显卡等），最后安装外部设备驱动程序（摄像头等）。

### 2. 查看驱动程序安装情况

驱动程序的安装情况可以通过“设备管理器”进行查看，以 Windows 10 为例，方法是右击“此电脑”图标，选择“属性”选项，如图 7.1 所示。

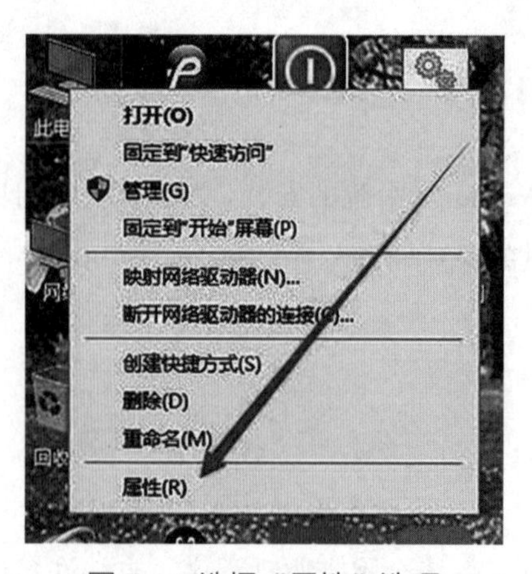


图 7.1　选择“属性”选项

选择“系统”属性窗口左侧边栏的“设备管理器”选项，如图 7.2 所示，进入“设备管理器”查看计算机各硬件设备驱动程序安装情况。如果“设备管理器”中没有出现任何符号，则表示该计算机安装了所有驱动程序，能够正常工作，如图 7.3 所示。

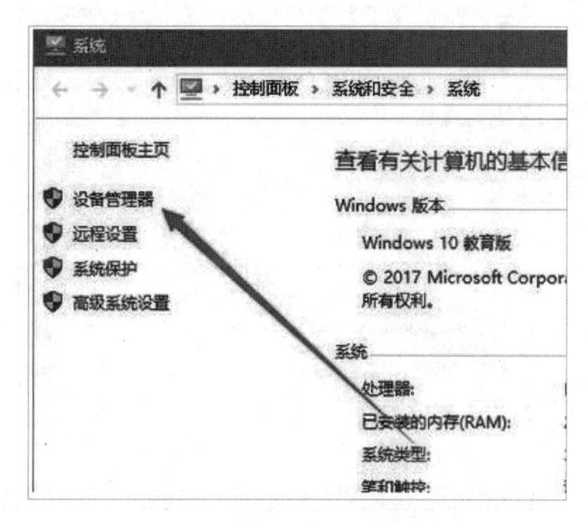


图 7.2　选择“设备管理器”选项

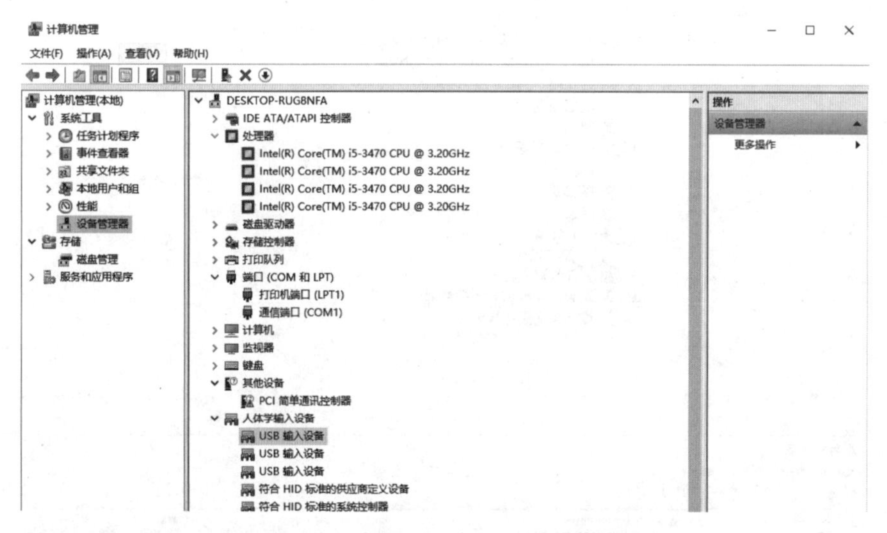


图 7.3　查看各硬件设备驱动程序安装情况

如果硬件驱动程序没有安装完成或没有安装正确，则在该“设备管理器”界面会出现相应的符号进行提示。

（1）向下的箭头：说明该设备已被停用，一般是为了节省系统资源和提高计算机启动速度而人为禁用，如图 7.4 所示。

（2）黄色的问号：说明该硬件未能被操作系统识别，如图 7.5 所示。

（3）黄色的感叹号：说明该硬件未安装驱动程序或驱动程序安装不正确，如图 7.6 所示。

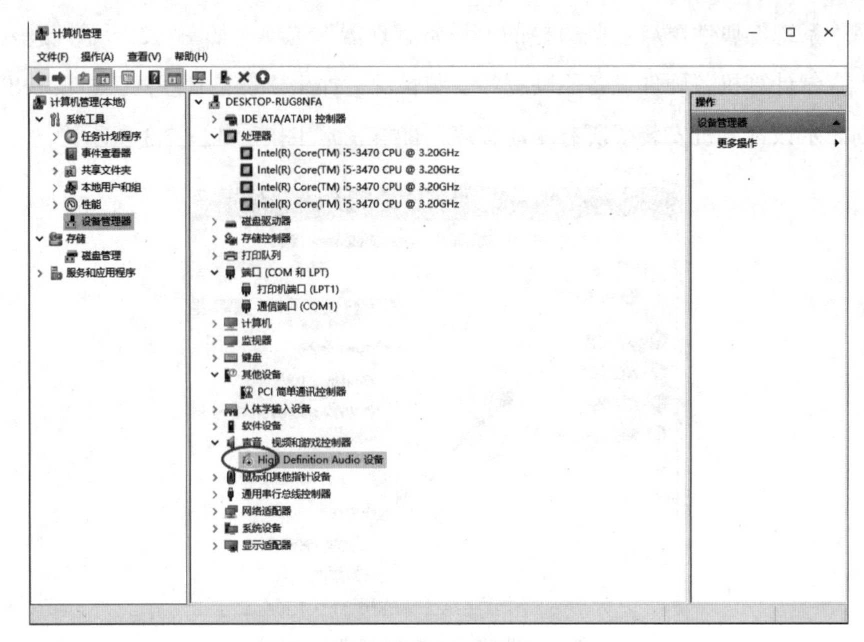


图 7.4　红色的叉号

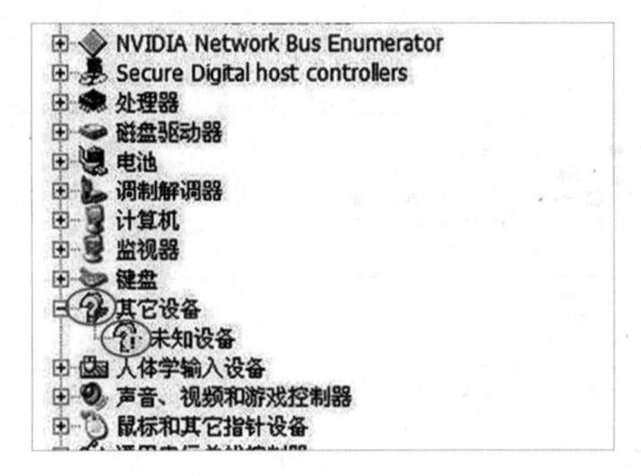


图 7.5　黄色的问号

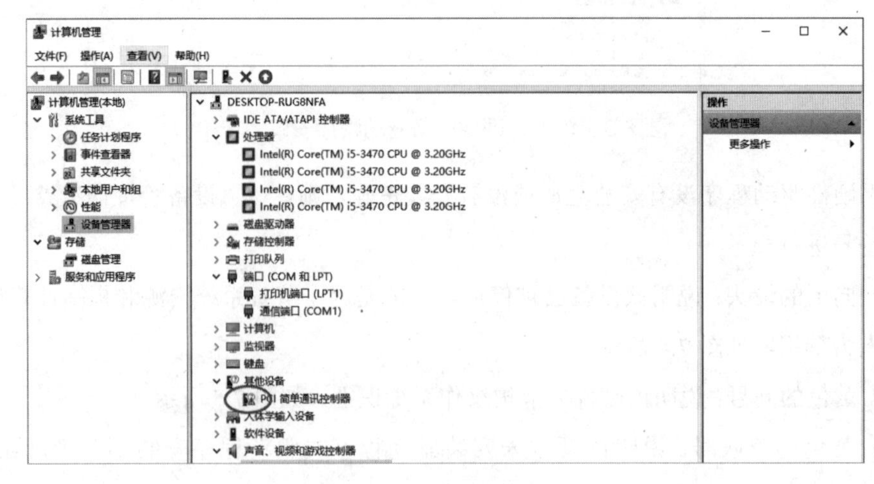


图 7.6　黄色的感叹号

### 3. 安装驱动程序

安装驱动程序主要有以下几种方法：

（1）使用驱动程序光盘进行安装

下面以主板驱动程序安装为例来说明使用驱动程序光盘安装的过程。现在的主板都有集成声卡和网卡等，因此一般的主板驱动程序，除了有芯片驱动程序外，还附有声卡、网卡等的驱动程序。

①在光驱内放入驱动程序光盘，驱动程序会自动弹出安装程序，如图 7.7 所示。单击“Setup”按钮，出现“正在准备安装”的对话框，如图 7.8 所示。

图 7.7　主板驱动安装程序界面

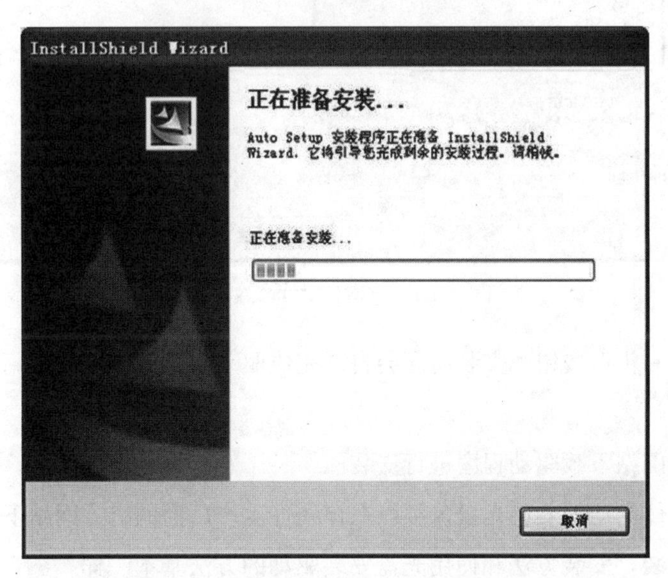


图 7.8　驱动程序安装向导初始化界面

②驱动程序安装向导初始化完成后，会出现“欢迎使用”对话框，如图 7.9 所示。单

击“下一步”按钮，搜索完已安装驱动程序信息后，出现“选择功能”对话框，如图 7.10 所示，可以选择需要安装的驱动程序。除了选择主板的芯片组驱动程序外，还可以把板载声卡和板载网卡的驱动程序一并选中，这样，声卡和网卡的驱动程序也一起安装完成。

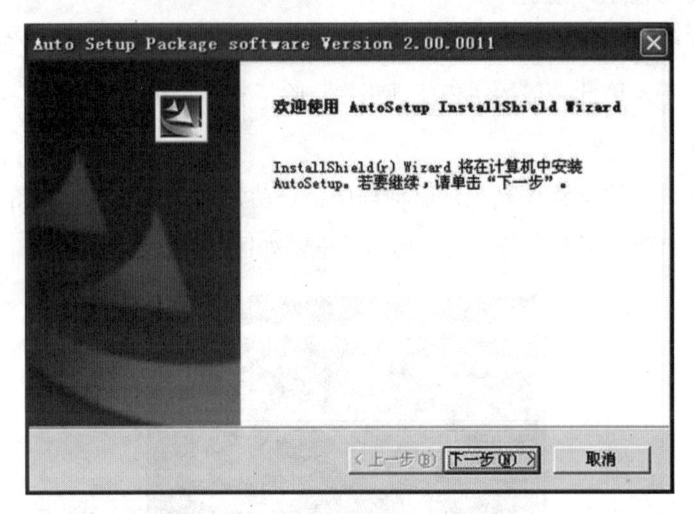


图 7.9 “欢迎使用”对话框

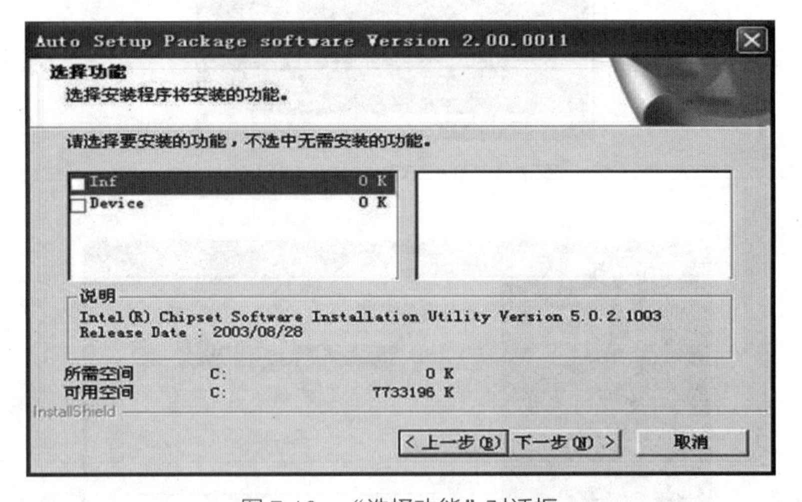


图 7.10 “选择功能”对话框

③单击“下一步”按钮，安装向导会自动完成驱动程序的安装并重新启动计算机，使驱动程序生效。

（2）从官方网站下载驱动程序进行安装

如果没有硬件驱动的安装光盘，可以在该硬件生产厂商的官方网站下载相应的最新的驱动程序进行安装，安装方法和使用光盘安装驱动的方法基本一样。

（3）使用驱动软件进行安装

除了以上两种方法，还可以使用驱动精灵、驱动人生等软件进行自动检测和安装驱动程序。下面以使用驱动精灵安装驱动为例介绍此方法。

驱动精灵是一款集驱动管理和硬件检测于一体的、专业级的驱动管理和维护工具。驱动精灵为用户提供驱动备份、恢复、安装、删除、在线更新等实用功能。

①首先，搜索并下载驱动精灵。下载成功后安装，桌面上出现驱动精灵的图标，如图 7.11 所示。

图 7.11　驱动精灵图标

②双击“驱动精灵”图标，单击“立即检测”按钮，如图 7.12 所示。

图 7.12　驱动精灵界面

③检测完成后直接安装即可。如图 7.13 所示。

图 7.13　驱动精灵安装驱动界面

# 任务 2 常用软件的安装与卸载

## 2.1 任务导入

虽然小李同学完成了操作系统及硬件驱动程序的安装，但是计算机里还没有软件，无法完成日常学习和工作的使用需求。那么，一般软件都有哪些分类？日常使用中需要安装哪些软件呢？

## 2.2 任务提要

计算机系统是由硬件系统和软件系统共同组成的。计算机安装了操作系统和驱动程序后还需要安装软件，而每个人使用计算机的需求不同，所安装的软件也不同，但有些软件是大多数人都会用到的，一般被称为装机必备软件，主要分为以下几类：杀毒软件、安全软件、打字软件、办公软件、多媒体软件、压缩软件、下载工具、图像处理软件、其他软件。

## 2.3 任务实施

### 1. 普通应用软件的安装

下面以“2345 好压”压缩软件的安装为例说明简单应用软件的安装过程。

搜索该软件并下载，完成后进行以下步骤：首先，进入安装主界面，勾选“已阅读并同意用户使用协议”，选择“自定义安装”选项，在弹出的“安装位置”中单击“更改目录”按钮，确定软件的安装路径，如图 7.14 所示。

确定后单击“一键安装”按钮即可，如图 7.15 所示。

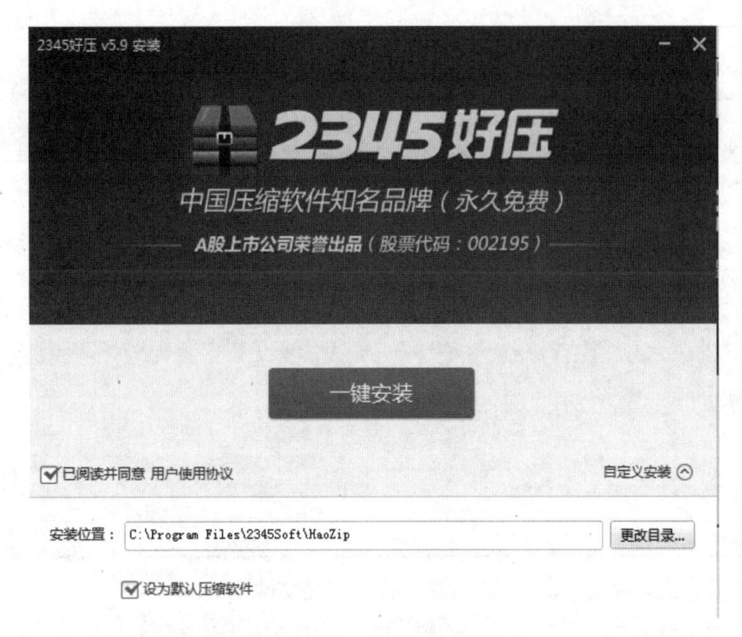


图 7.14　安装主界面

图 7.15　安装完成界面

## 2. 专用应用软件的安装

专用应用软件的安装与简单应用软件的安装相比，大多数专用软件的安装都相对复杂。下面以 Adobe PhotoShop（以下简称为 PS）的安装进行说明。

在官方网站 https://www.adobe.com/cn/products/photoshop.html 上下载 adobe 云客户端的安装包，下载完成后，运行安装文件 Photoshop_Set-Up.exe，如图 7.16 所示。

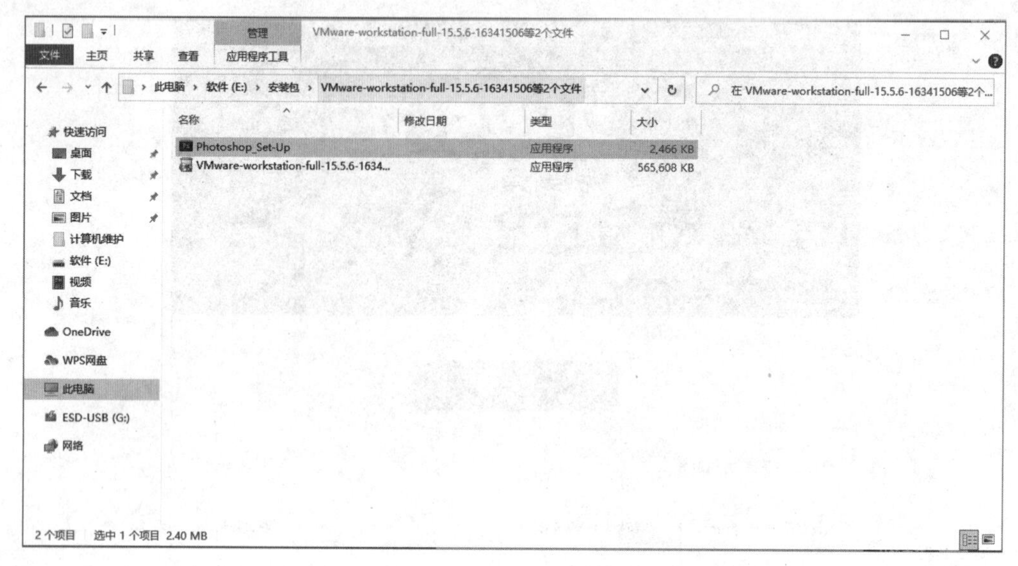


图 7.16　运行安装文件

在运行安装文件之后，进入安装界面，点击“开始安装”按钮，如图 7.17 所示。

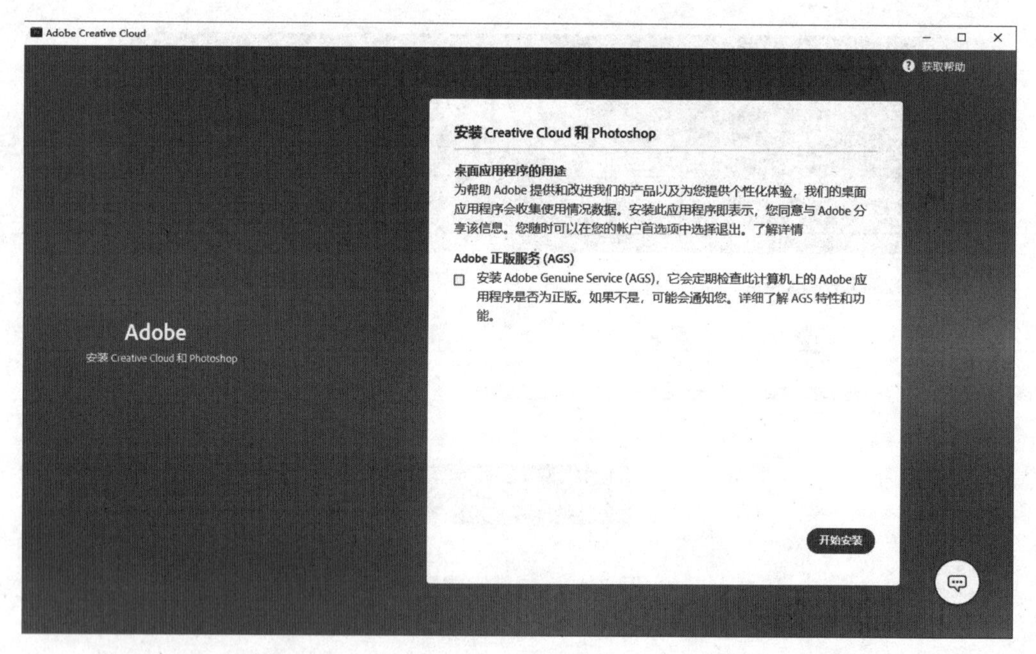


图 7.17　安装界面

安装过程如图 7.18 所示，右侧的问卷信息不会影响软件内容的安装。

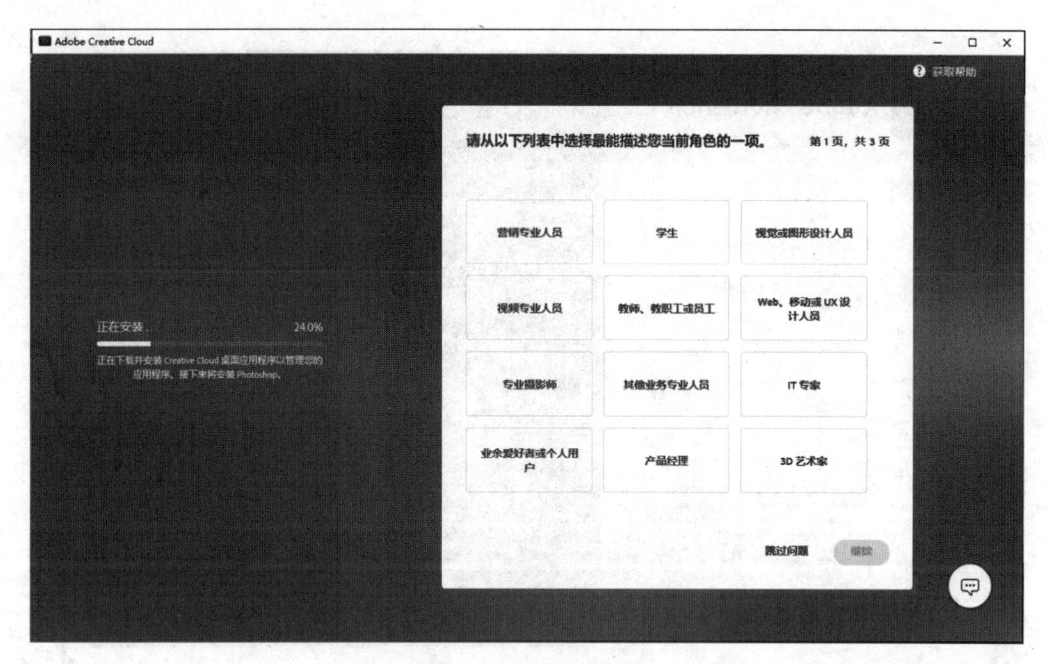


图 7.18　安装过程

安装 adobe 云结束后会自动进行 PS 的安装。如图 7.19 所示。

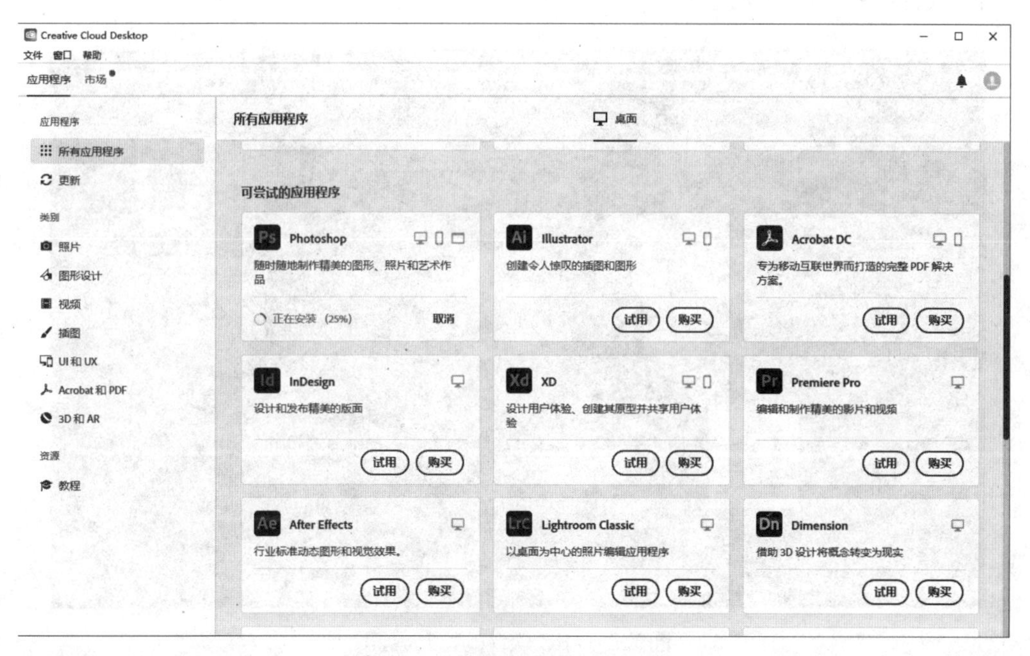


图 7.19　自动进行 PS 的安装

安装完成后，可以正常打开，等待加载界面如图 7.20 所示。

图 7.20　等待加载界面

PS 软件打开后如图 7.21 所示。

图 7.21　PS 软件的打开界面

在“开始”菜单内可以看到安装成功的 Adobe Photoshop。如图 7.22 所示。

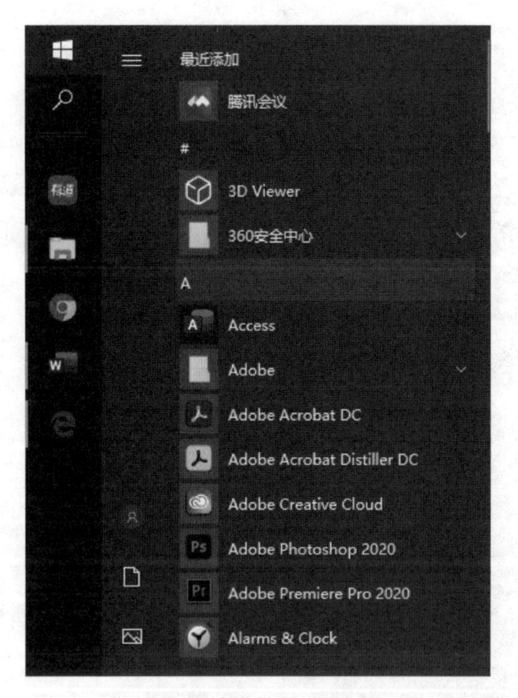


图 7.22　“开始”菜单内的 Adobe Photoshop 显示

## 3. 软件卸载

（1）自卸载程序

软件一般都会有一个自卸载程序，该程序主要用于当用户不需要使用该软件时卸载使用，该程序在“开始”的相应软件目录中，如图 7.23 所示。

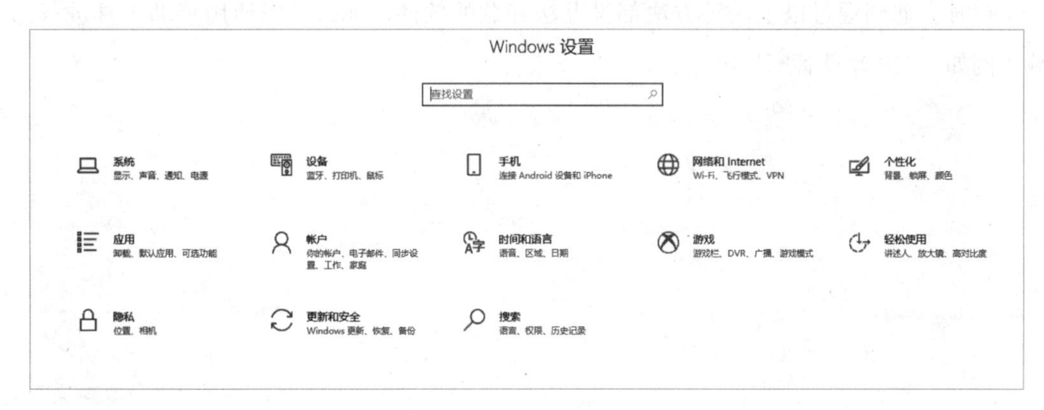


图 7.23　自卸载程序卸载

（2）使用控制面板卸载

如果软件没有自卸载程序，也可以使用控制面板的卸载功能进行卸载，单击“开始”，选择“控制面板”，在“程序”选择中选择“卸载程序”，在要卸载的应用上右键单击。如图 7.24 所示。

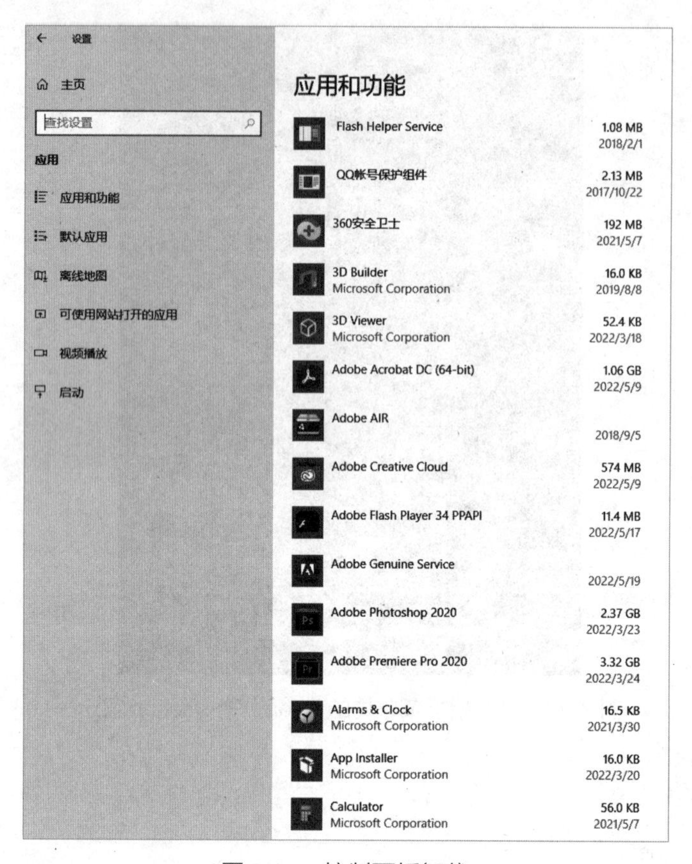


图 7.24 控制面板卸载

（3）使用辅助工具卸载

有时会遇到通过以上两种方法都没办法卸载的软件，那么可以使用辅助工具进行卸载，例如“360 软件管家”等。

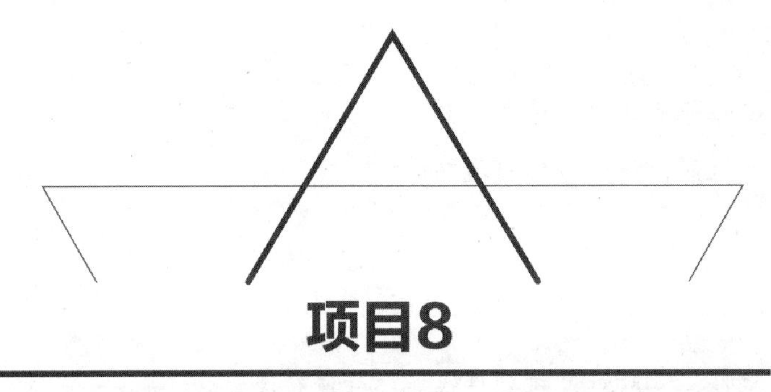

# 项目8

# 计算机性能测试与优化

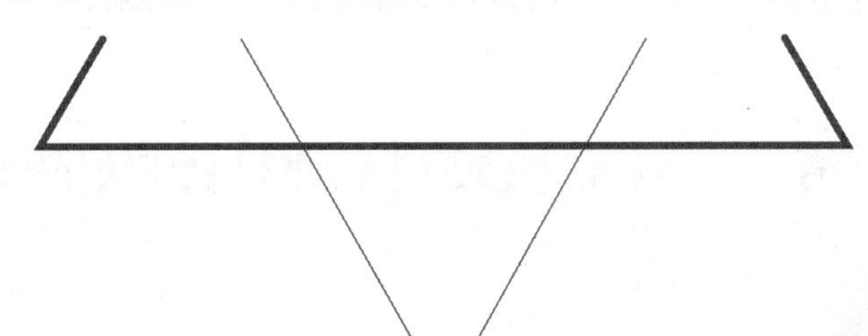

## 项目简介

计算机组装完毕，并安装好操作系统和应用软件后，用户还可以对计算机的性能进行测试和优化。

## 知识目标

1. 了解计算机性能测试的方法和工具。
2. 掌握计算机性能优化的方法与技巧。

## 能力目标

1. 能够使用软件工具对计算机硬件性能参数进行测试。
2. 能够手工优化或使用软件对系统进行优化。

# 任务1　计算机硬件检测与性能测试

## 1.1 任务导入

小李同学已经将计算机组装完毕，并安装好了操作系统和应用软件，现在他最关心的是这台计算机的硬件性能如何、整机性能怎样等问题。为了了解这些，小李同学决定对计算机的硬件性能和整机性能做一个测试。

## 1.2 任务提要

计算机测试的方法主要有常用应用软件测试法和专用测试工具测试法。

# 1.3 任务实施

## 1. 常用应用软件测试法

一般来说，常用应用软件测试法分为游戏测试、图形图像测试、视频播放测试、复制文件测试和网络测试等。

（1）游戏测试：游戏测试是对计算机整机综合性能进行测试的一种方法。通过运行一些大型的游戏，可以对计算机的 CPU、内存、显卡、硬盘的数据处理能力有一个直观的认识，同时也可以清晰地了解鼠标、键盘的灵敏度，声卡、音箱的音效，以及显示器的显示效果等。

（2）图形图像测试：图形图像测试一般选用图形图像处理软件来进行测试。通过这类软件对图形图像的处理，可以查看显示效果；通过其对图形图像的渲染，可以查看计算机的处理能力。

（3）视频播放测试：视频播放测试可以通过与其他计算机对比来分辨此台计算机在播放时的流畅度、画面鲜艳度、显示器亮度、清晰度等。提示：在选择视频时，最好选用用户熟悉的视频进行测试。

（4）复制文件测试：复制文件测试可以通过与其他计算机对比来查看计算机硬盘的读写速度。这种方法对硬盘的测试是比较直观的。

（5）网络测试：网络测试比较简单，主要是针对网络的连接性及联网速度进行测试。

## 2. 专用测试工具测试法

虽然可以使用常用应用软件测试法对计算机进行测试，但这些方法仅仅是“感性认知”计算机运行的“快慢”，无法精确掌握计算机的整机性能。如果需要精确掌握计算机整机性能，就需要使用专用测试工具进行测试。同时，在对计算机整机性能测试时，也可以通过软件得知各硬件的真伪情况。

（1）通过操作系统了解硬件信息

Windows 操作系统在安装完成后能显示计算机硬件的大致信息。用户可右击桌面上的“计算机”图标，选择“属性”选项，如图 8.1 所示；在弹出的“系统”对话框中查看 CPU 和内存的基本信息，如图 8.2 所示。

图 8.1　选择“属性”选项

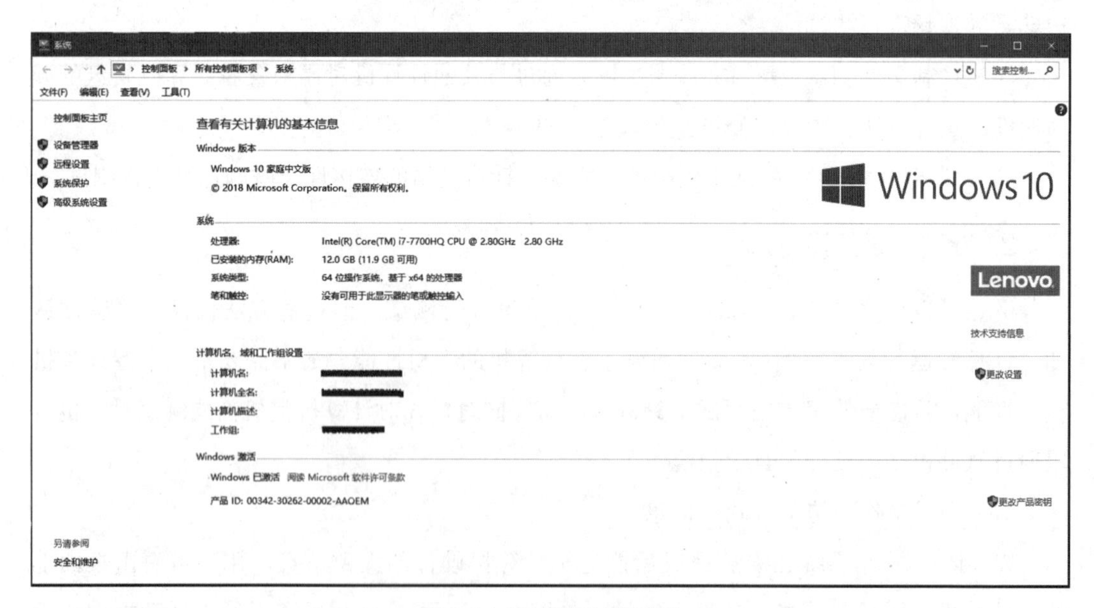


图 8.2　“系统”对话框

从图 8.2 中可以看到，CPU 是 i7-7700，主频为 2.8 GHz，内存为 8 GB。

右击桌面空白处，选择“屏幕分辨率”选项，可查看显示器信息，如图 8.3 所示。

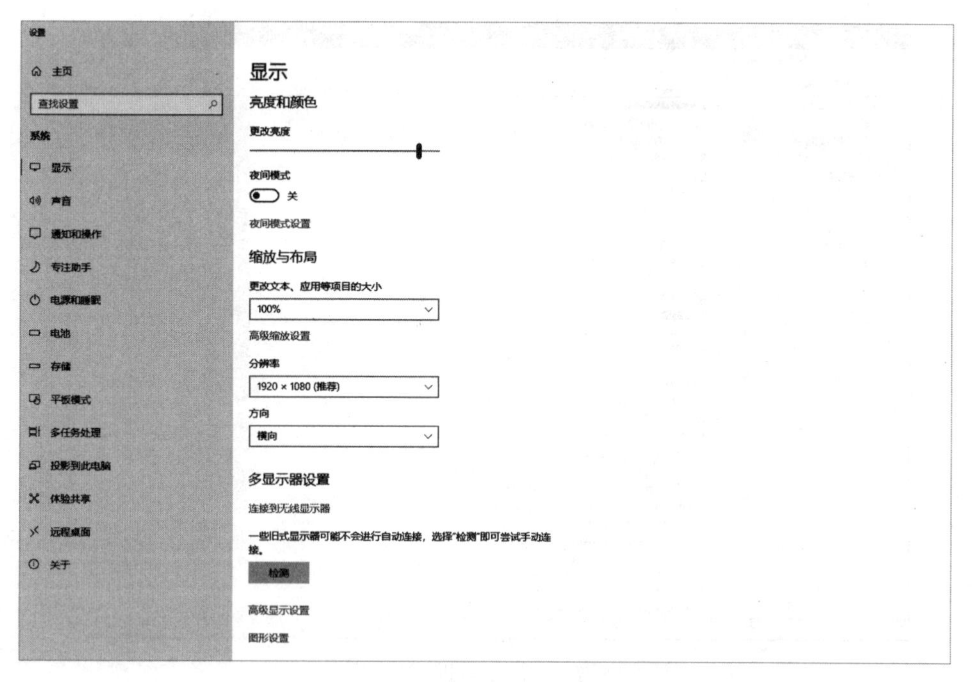


图 8.3　显示器信息界面

在该显示器信息界面选择“高级设置”选项，在“适配器”选项卡中可查看显卡信息，如图 8.4 所示。

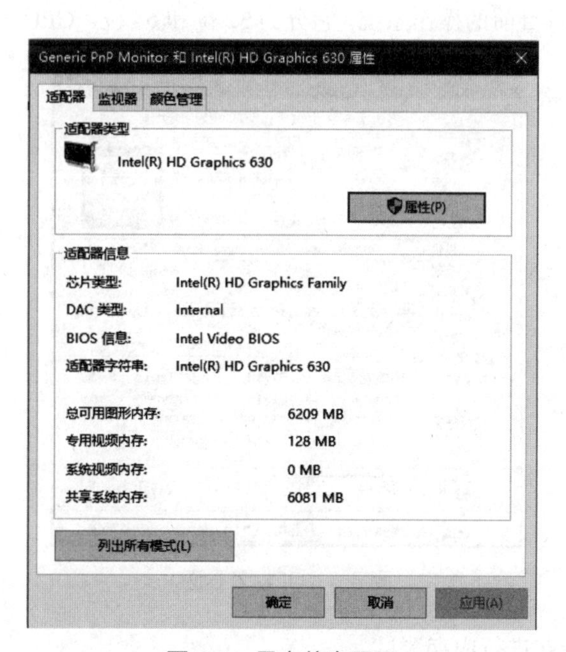


图 8.4　显卡信息界面

在“设备管理器”中可以查看系统中所有硬件的相关信息，如图 8.5 所示。具体方法是右击桌面的“计算机”图标，选择“管理”选项，单击“设备管理器”进入。

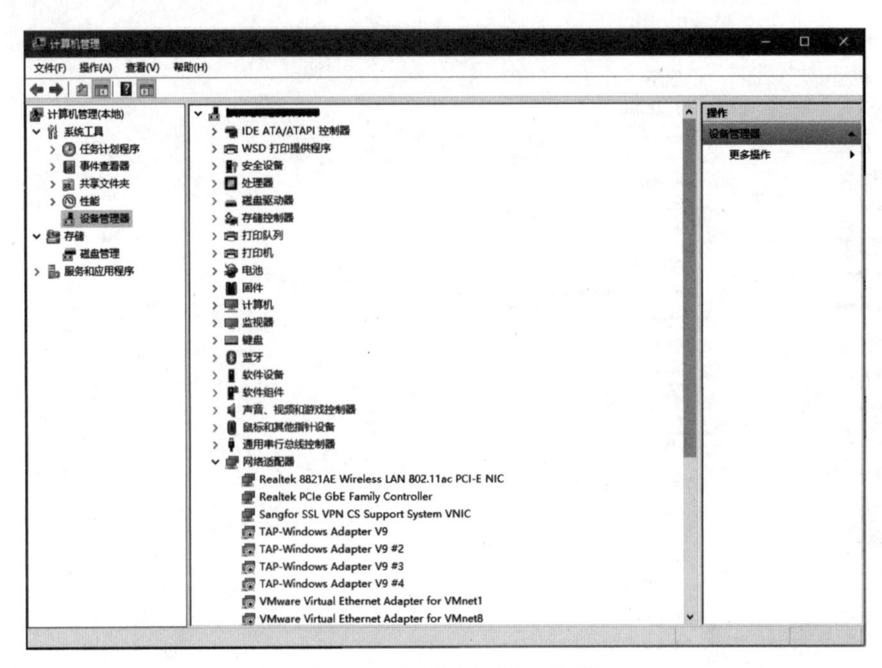


图 8.5 “设备管理器”界面

（2）使用 CPU.Z 测试

CPU.Z 是一款主要针对 CPU 进行检测的软件，它支持的 CPU 相当全面，同时也支持检测主板和内存。针对目前的操作系统，它分为 32 位和 64 位。CPU.Z 界面如图 8.6 所示。

图 8.6 CPU.Z 界面

（3）使用 MemTest 进行内存测试

MemTest 是一款专业的内存测试工具，使用相当简单，打开 MemTest 后，单击“开始测试”按钮即可。MemTest 内存检测工具找到问题时，会停止并提示，其运行的时间越长，测试的结果就越准确。同时，它还提供了日志功能，便于后期查看。如图 8.7 所示。

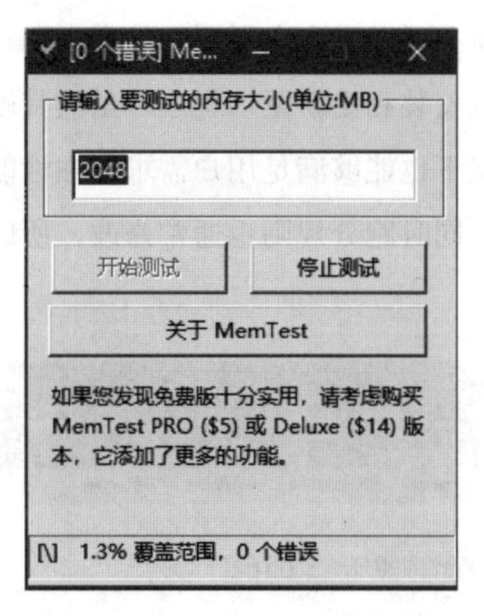


图 8.7　MemTest 内存测试界面

（4）使用硬盘哨兵进行硬盘测试

硬盘检测工具（CrystalDiskIufo）能测试所有的硬盘，包括服务器硬盘。它能够检测硬盘的状态、健康程度及性能，其中包括每个硬盘的温度、S.M.A.R.T 值等，如图 8.8 所示。

图 8.8　硬盘哨兵测试界面

（5）使用综合测试软件进行测试

①鲁大师是目前用得比较多的一款综合测试软件，它的缺点是跑分浮动大、可比性不强，但是比较符合国内用户的装机需求 —— 集成了多个功能，使用比较方便，可以查看硬件，安装驱动，进行压力测试，以及跑分。

从鲁大师的硬件检测界面上可以看到主要硬件的列表和一些性能参数。如果是联网状态，选择“驱动检测”就可以安装和更新驱动程序。虽然其硬件检测和驱动安装不如一些更专业的软件，但在一般情况下也能够满足用户需求。在性能测试方面，由于鲁大师在不同情况下的跑分差异比较大，同时跑分规则也通常修改，所以跑分通常只具有参考价值，如图 8.9 所示。

图 8.9　鲁大师测试界面

② PCMark 是一款测试计算机综合性能的专业测试工具，测试内容包括 CPU、Memroy、Graphics、HDD 子系统性能测试，它会给出性能综合测试得分，如图 8.10 所示。

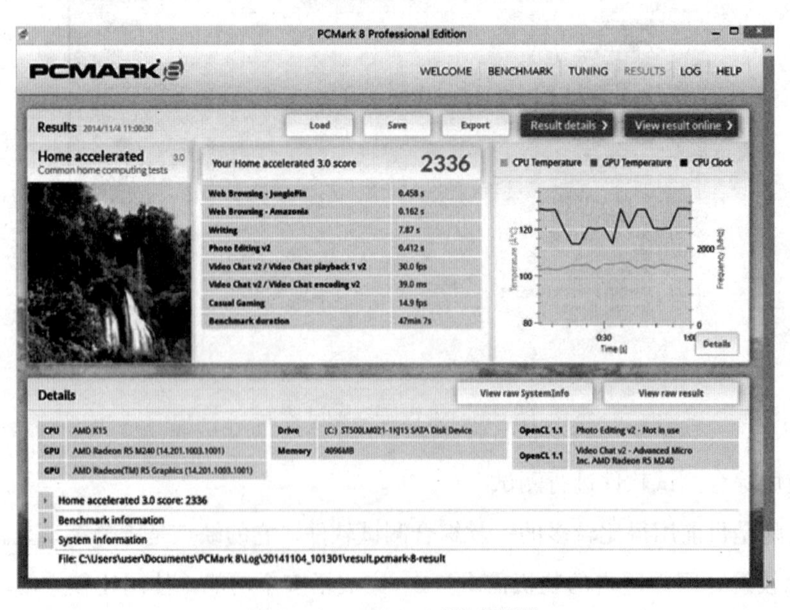


图 8.10　PCMark 测试界面

# 任务 2　系统优化

## 2.1 任务导入

小李同学已经将计算机组装完毕，安装好操作系统和应用软件，并且通过对计算机的测试已经了解了计算机的性能。为了让计算机的性能可以更好地发挥，小李同学准备对计算机进行优化。

## 2.2 任务提要

计算机在运行一段时间后运行速度会变慢。为了使计算机保持良好的运行状态，用户需要对计算机进行优化。

计算机优化可分别通过手工优化和软件优化两种方式完成。

## 2.3 任务实施

### 1. 手工优化

手工优化是指通过手工方式对计算机进行优化的操作，该方式的优点是在操作错误的情况下便于恢复，而软件优化是自动执行，不便于查找错误。可以从以下几方面进行手工优化：

（1）视觉效果优化

Windows 操作系统提供了较好的视觉效果，但是该效果本身是以牺牲计算机性能来实现的。如果计算机配置较好，该效果不会对计算机造成太大的负担；如果计算机配置较差，用户则可以通过关闭某些视觉效果来增强计算机的性能，具体方法步骤如下：

①右击“计算机”图标，选择“属性”选项，如图 8.11 所示。

图 8.11　选择“属性”选项

②选择“高级系统设置”选项，如图 8.12 所示。

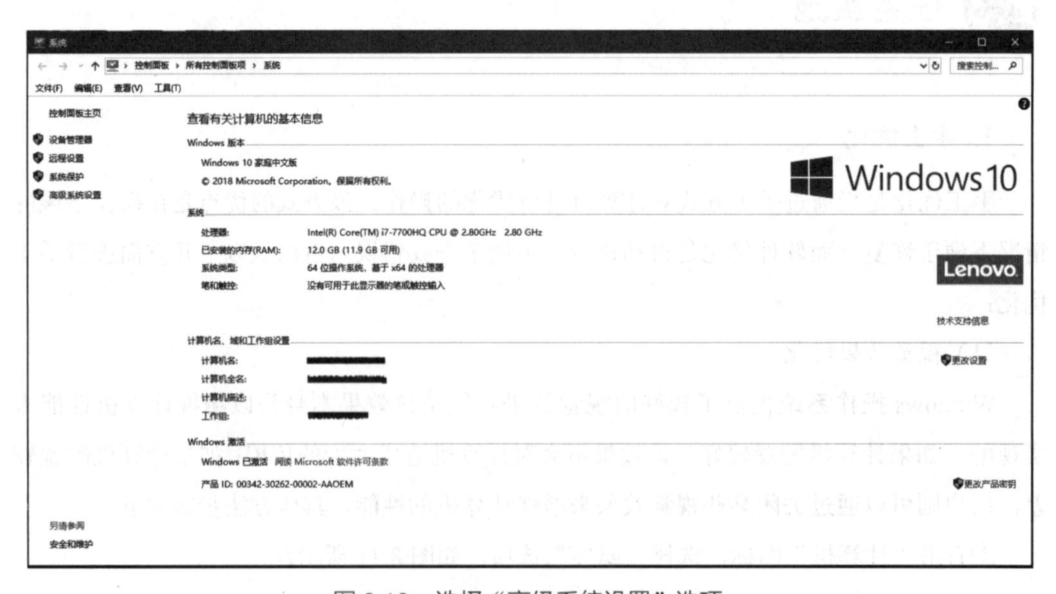


图 8.12　选择“高级系统设置”选项

③在“高级”选项卡中的“性能”选项中单击“设置”按钮，如图 8.13 所示。

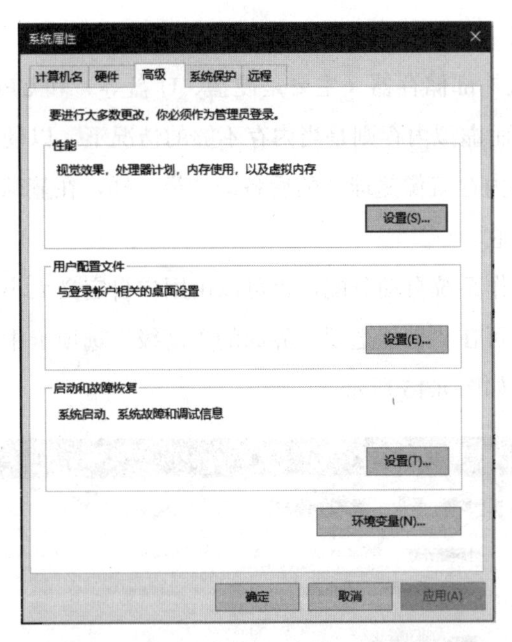


图 8.13　单击“性能”中的“设置”按钮

④进入“视觉效果”界面，根据用户需求勾选需要使用的视觉效果，完成优化，如图 8.14 所示。

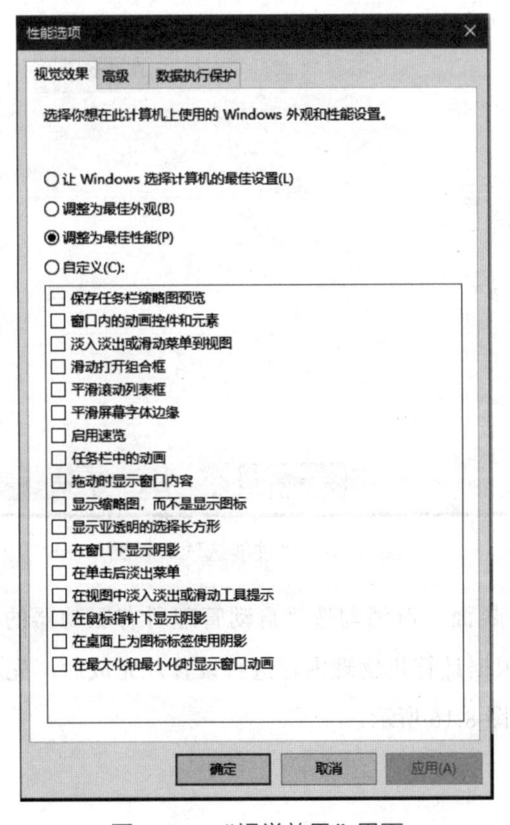


图 8.14　“视觉效果”界面

（2）虚拟内存优化

内存是帮助计算机外部储存器（主要是硬盘、U 盘等）和 CPU 进行数据交换的存储器，属于内部存储器；而虚拟内存则是当内存不够的情况下，以硬盘空间充当内存的一种技术。简单来说，虚拟内存就像篮球队的后备运动员一样，在篮球队正式球员（内存）不够的情况下，就会调用它。

虚拟内存一般由操作系统自动分配，也可以由用户自定义大小。虚拟内存一般设置为物理内存的 2 ～ 3 倍，可在“性能选项”界面的“高级”选项卡中，单击“虚拟内存”选项中的“更改”按钮，如图 8.15 所示。

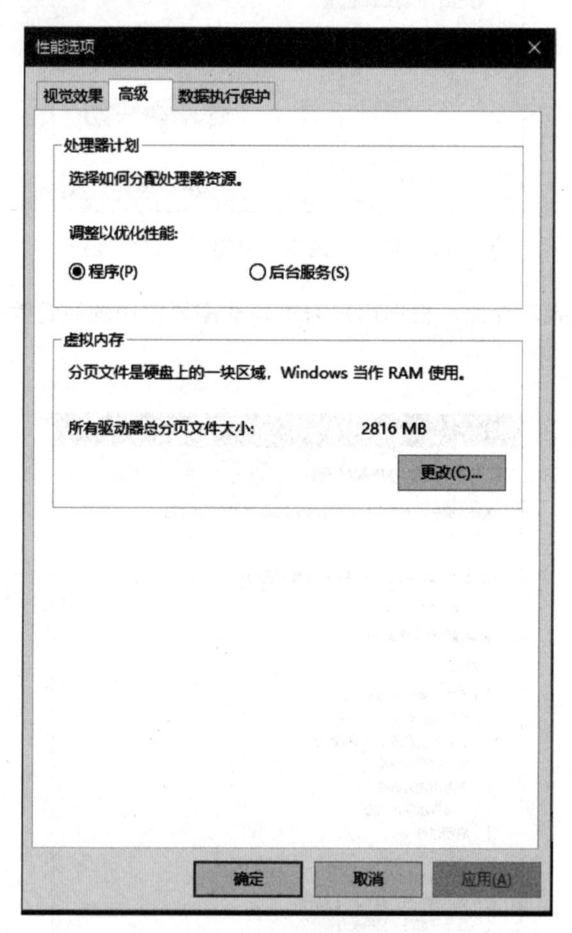


图 8.15　“性能选项”界面

进入“虚拟内存”界面，取消勾选“自动管理所有驱动器的分页文件大小”，选择“自定义大小”选项，根据计算机物理内存进行设置。完成后，先单击“设置”按钮，再单击“确定”按钮，如图 8.16 所示。

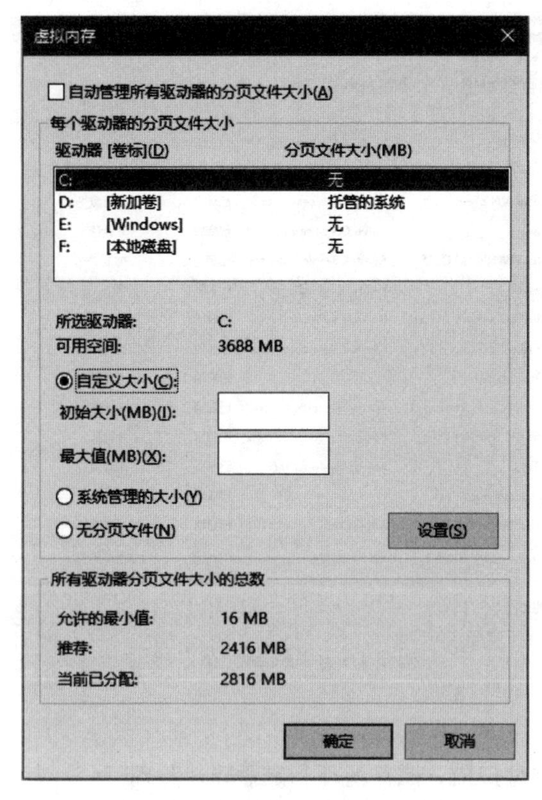


图 8.16　“虚拟内存”设置界面

（3）启动项优化

计算机在进入 Windows 桌面时会加载部分软件，这样的加载会导致系统变慢，用户可以通过启动程序项，关闭部分不必要的自动加载程序来加快系统的运行。

在“开始”菜单中选择“运行”选项，在弹出的对话框中输入“msconfig”，单击“确定”按钮，如图 8.17 所示。进入“系统配置”界面，选择“启动”选项卡，点击下方的“打开任务管理器”右键下拉栏中选择“禁用”不需要的启动项，单击“确定”按钮，如图 8.18 所示。完成后需要重新启动计算机才能生效。

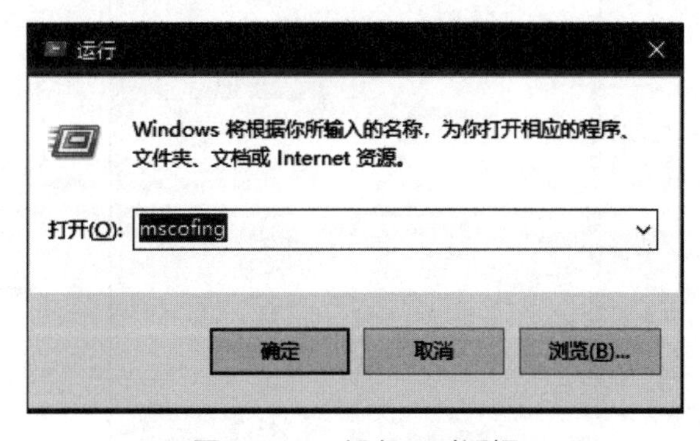


图 8.17　“运行”对话框

图 8.18 “系统配置”界面

（4）磁盘优化

磁盘优化主要有磁盘扫描、磁盘清理和磁盘碎片整理。

①磁盘扫描。磁盘扫描主要是为了及时修正程序在运行时产生的错误，以防止磁盘坏道的产生，可通过打开桌面上“计算机”，右击需要扫描的磁盘，在下拉菜单中选择“属性”选项；再选择“工具”选项卡，单击“开始检查”按钮进行扫描，如图 8.19 所示。

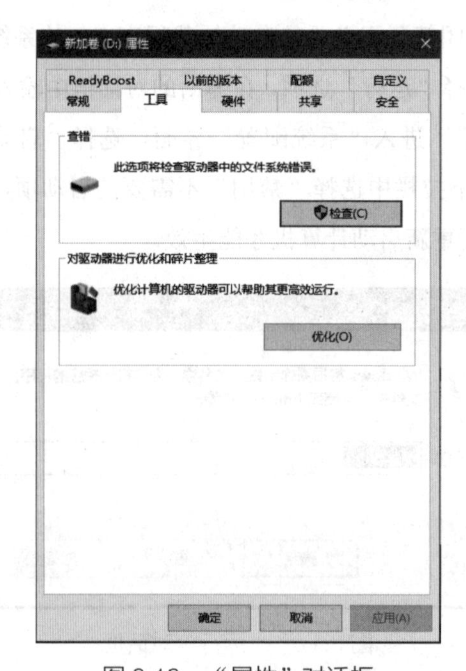


图 8.19 “属性”对话框

②磁盘清理。在使用软件或卸载软件的过程中，不可避免地会产生一些垃圾文件，这些文件耗用了计算机的磁盘空间，但是又没有任何实际的作用。这时，可以通过磁盘清理程序来对其进行清理，可通过图 8.19 中“常规”选项卡中“磁盘清理”按钮，打开磁盘清理界面，选择需要清理的磁盘，单击“确定”进行，如图 8.20、图 8.21 所示。

图 8.20　“磁盘清理”驱动器选择界面

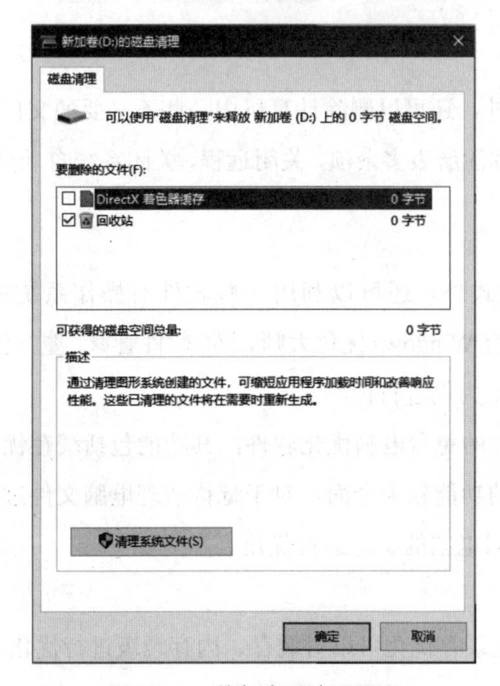


图 8.21　磁盘清理选项界面

③磁盘碎片整理。随着安装软件和存储文件的增多，计算机的运行效率也会随之下降，最好的解决办法就是磁盘碎片整理。双击“此电脑”，进入“此电脑”界面，选择菜单栏中的“管理”；再点击“优化”功能，打开“优化驱动器”，选择“系统工具”→“磁盘碎片整理程序”进行磁盘碎片整理，如图 8.22 所示。

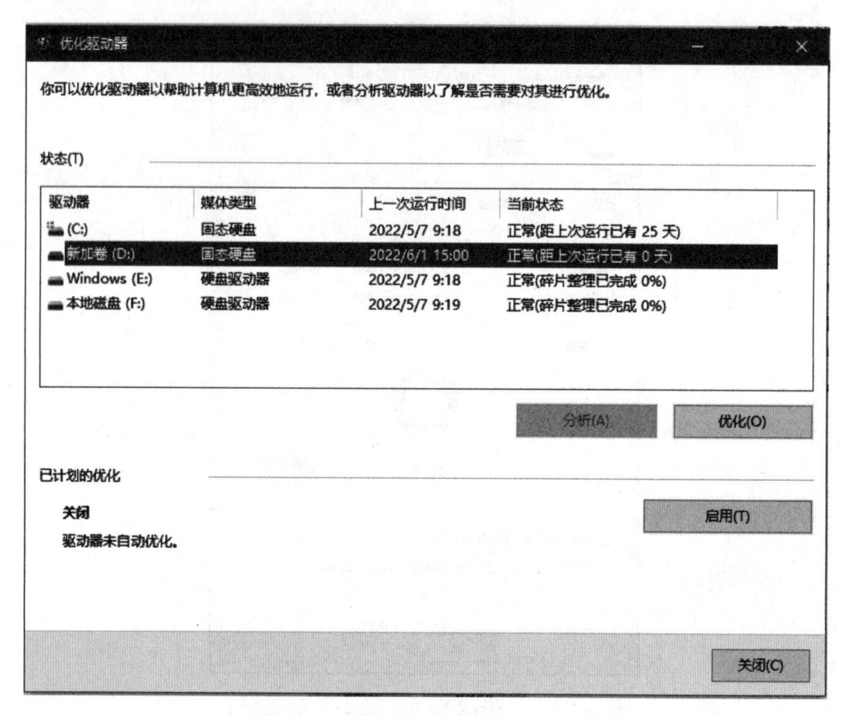


图 8.22 “磁盘碎片整理程序”界面

（5）其他优化

除了以上常用优化外，还可以删除计算机中一些不必要的文件，清空回收站，对“我的文档”进行清理，清理注册表多余项，关闭远程，关闭系统自动更新等操作以优化系统。

## 2. 软件优化

除了手工优化的方式外，还可以利用一些软件对操作系统进行优化，其中较好的 Windows 系统优化软件有 Windows 优化大师、360 软件管家、魔方优化大师、超级兔子等。

下面以 360 安全卫士为例进行说明。

360 安全卫士是国产的免费电脑优化软件，其功能包括缓存优化、计算机体检、木马查杀等。360 安全卫士的功能较为全面，对于觉得清理电脑文件过于烦琐的用户来说，此软件可以帮助用户快速对电脑的状态进行优化。

（1）磁盘缓存优化

360 安全卫士的磁盘缓存优化可以对缓存、内存垃圾进行优化，如图 8.23 所示。

图 8.23　磁盘缓存优化

（2）计算机体检

360 安全卫士还可以对电脑进行整体的体检，包括硬件的检测、软件速度启动项等检测，如图 8.24 所示。

图 8.24　计算机体检

（3）木马查杀

360 安全卫士可以对计算机木马进行查杀，对于计算机中存在的病毒进行清除，如图 8.25 所示。

图 8.25　木马查杀

（4）清理计算机垃圾

360 安全卫士可以对日常计算机使用中产生的没有清除的垃圾和当前计算机中的缓存进行清理和释放，如图 8.26 所示。

图 8.26　清理计算机垃圾

（5）系统修复

360 安全卫士可以对系统出现的问题和缺失的文件进行修复，如图 8.27 所示。

图 8.27　系统修复

（6）多种其他应用推荐

360 安全卫士还推荐了其他与电脑相关的软件，可以进行下载，如图 8.28 所示。

图 8.28　应用及功能推荐

# 项目9

# 系统备份与还原

## 项目简介

计算机在使用过程中难免会因为操作不当而造成误操作或误删除，导致系统缓慢、蓝屏、死机。此时，用户往往因为没有及时对数据进行备份，而对个人或企业造成损失。因此，为了防止数据丢失或被破坏，系统数据的备份就显得非常必要了。

## 知识目标

1. 认识数据备份的重要性。
2. 掌握数据备份与恢复的方法。

## 能力目标

1. 能够使用软件工具对计算机数据进行备份。
2. 能够利用常用数据恢复软件找回丢失或误删除的数据。

# 任务 1　Windows 10 系统还原工具

## 1.1 任务导入

小李同学已经完成了对计算机的优化，在操作计算机的过程中，为了防止以后出现的误操作等造成计算机系统崩溃而要重新安装操作系统，他决定先对计算机做个系统备份，这样即使以后计算机系统崩溃，也不用重新安装操作系统，而且只需要几分钟就可以还原。

## 1.2 任务提要

计算机系统备份还原可以通过 Windows 系统自带的“系统还原功能”实现，也可以通过第三方软件来实现。

## 1.3 任务实施

Windows 10 操作系统提供了系统重置功能，通过系统重置，可以轻松重置 Windows 10 操作系统，具体方法如下：

（1）在 Windows 10 的“设置”界面中，单击“更新和安全”图标，如图 9.1 所示。进入后，选择“恢复”选项，在右侧“重置此电脑”选项中单击“开始”按钮，如图 9.2 所示。

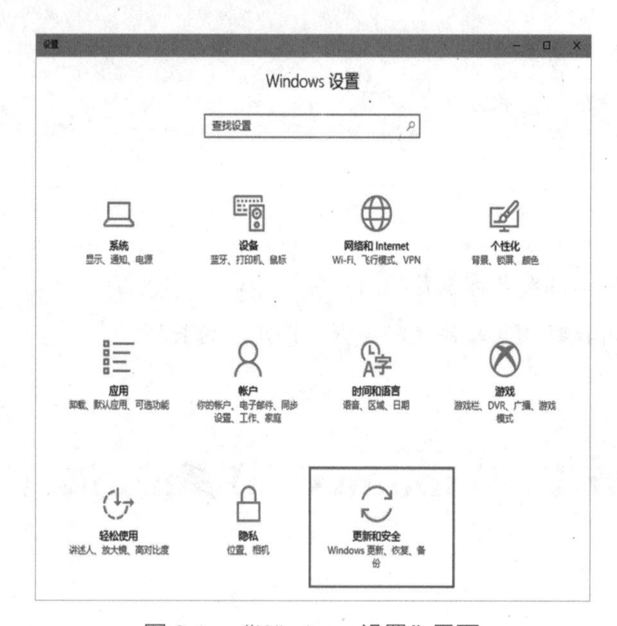


图 9.1 “Windows 设置”界面

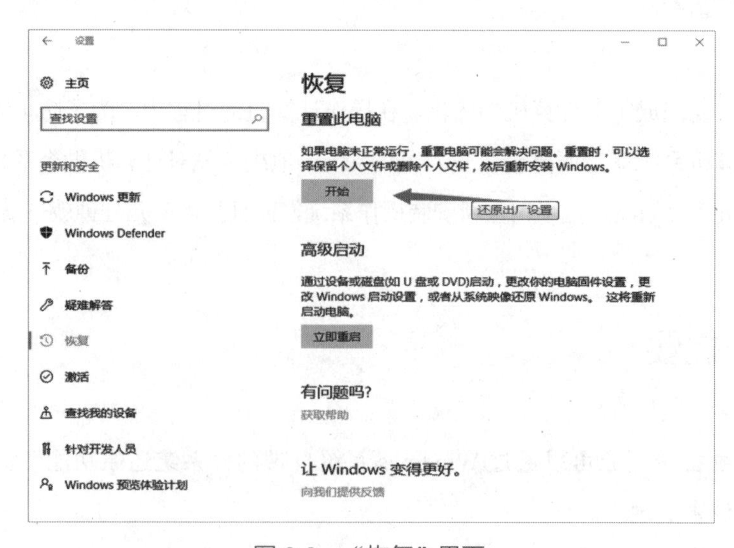


图 9.2 “恢复”界面

（2）进入“初始化这台电脑”界面，出现“保留我的文件”和“删除所有内容”两个选项。如果C盘中有重要文件，则可以选择“保留我的文件”选项；如果C盘中没有重要文件，则可以选择“删除所有内容”选项，选择此选项会一并删除其他磁盘的数据。如图 9.3 所示。

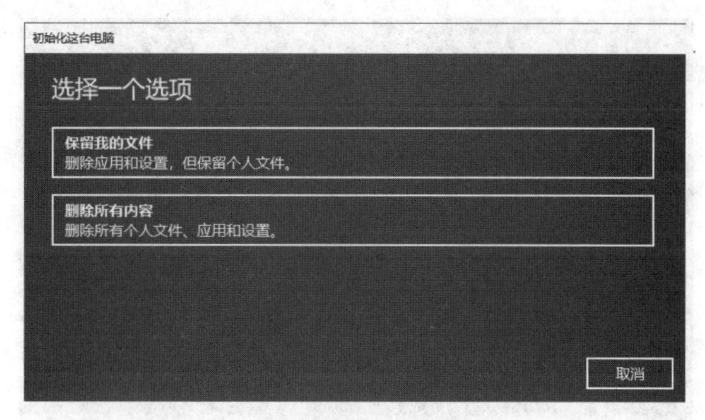


图 9.3 “初始化这台电脑”界面

（3）选择需要删除文件的驱动器。如果要保留除 C 盘外其他所有磁盘的文件，只能选择“仅限安装了 Windows 的驱动器”选项，如图 9.4 所示。

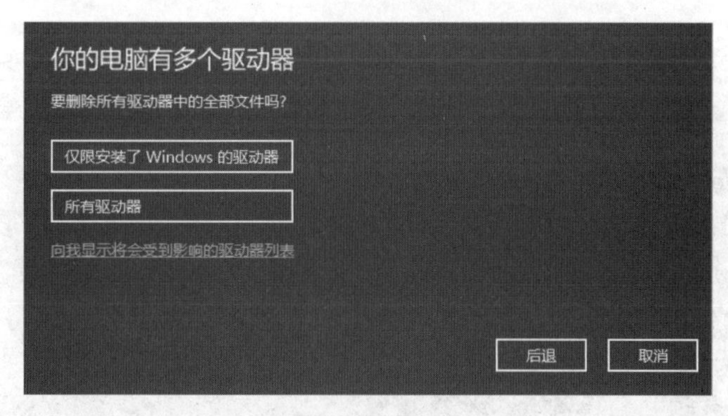


图 9.4 删除驱动器文件界面

（4）完成选择后，单击“重置”按钮，开始初始化该计算机，如图 9.5 所示。

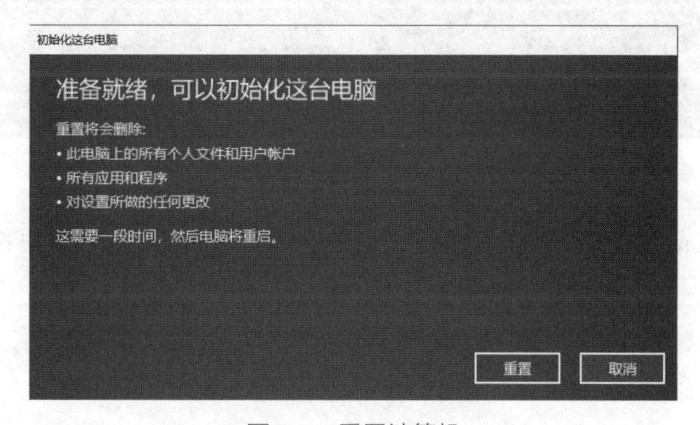


图 9.5 重置计算机

（5）计算机重启后，正式进入重置程序，系统开始擦除数据，如图 9.6 所示。整个“重置”需要一定的时间。在等待界面中，会提示用户不要关闭计算机，且计算机会重启几次，如图 9.7 所示。

图 9.6　重置计算机进度界面

图 9.7　重置计算机等待界面

（6）重置完成后，需要重新对系统进行设置，如图 9.8 所示，用户根据提示完成设置即可。

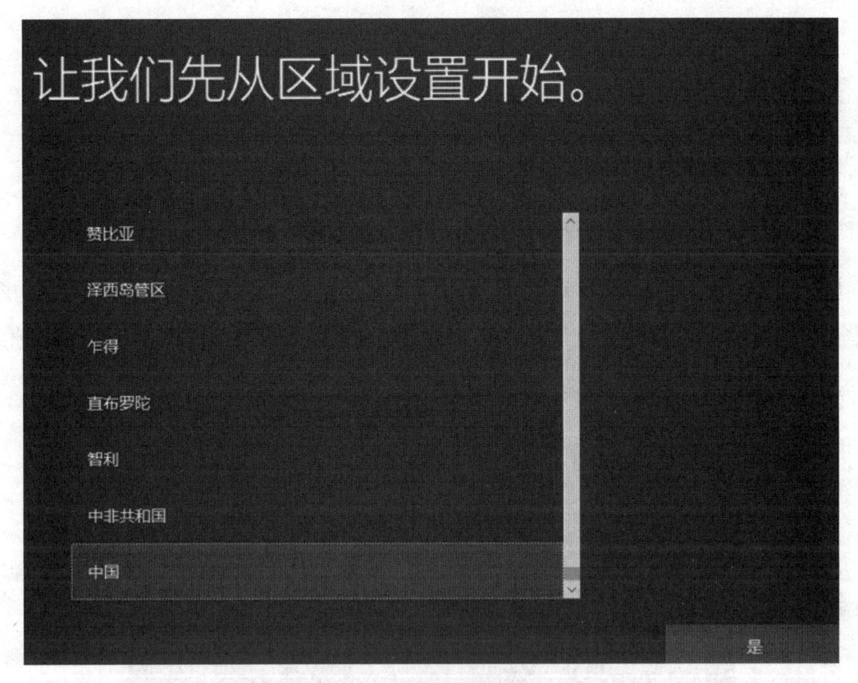


图 9.8　系统设置界面

# 任务 2　Ghost 软件备份还原系统

## 2.1 任务导入

小李同学发现，虽然 Windows 10 操作系统提供了系统重置功能，但是如果遇到系统崩溃，进不了系统桌面的情况，要完成系统还原仍然很难。有没有更好的方法呢？

## 2.2 任务提要

Windows 10 操作系统提供的系统重置功能需要进入操作系统才能完成，因此有一定的局限性，在实际使用过程中，更多的是使用 Ghost 软件来对系统进行备份和还原。

Ghost 软件提供了方便的备份还原功能。同时，它不再只局限于 Windows 系统下，还可以在 DOS 系统、Windows PE 系统下进行备份还原的操作。

## 2.3 任务实施

### 1. 利用 Ghost 软件进行系统备份

（1）准备制作好启动盘的 U 盘，设置好 BIOS，进入 U 盘界面，选择 Ghost 备份还原选项，本任务中选择的是"'5' 进入 Ghost 备份还原系统多合一菜单"（此系统仅供学习交流，学习后请卸载，请购买正版系统），如图 9.9 所示。

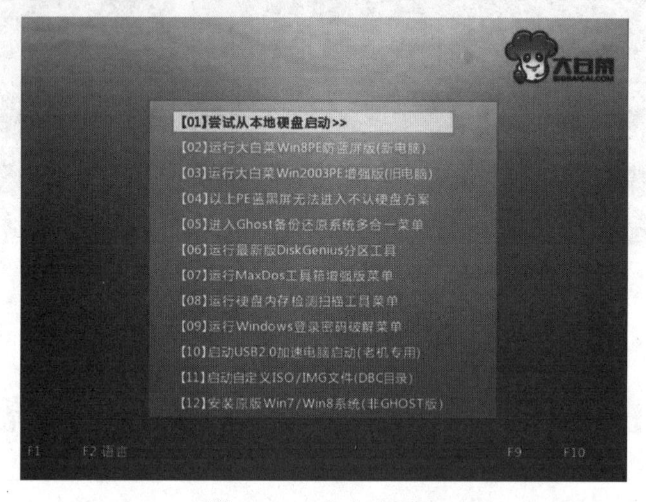


图 9.9　U 盘启动界面

（2）进入 Ghost 启动界面，单击"OK"按钮，如图 9.10 所示，进入 Ghost 主界面，其中 Local 代表本地，Options 代表选项，如图 9.11 所示。

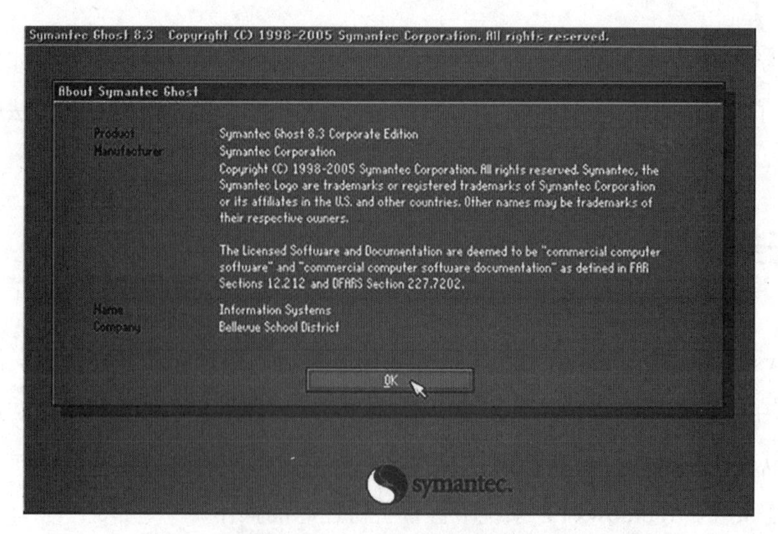


图 9.10　Ghost 启动界面

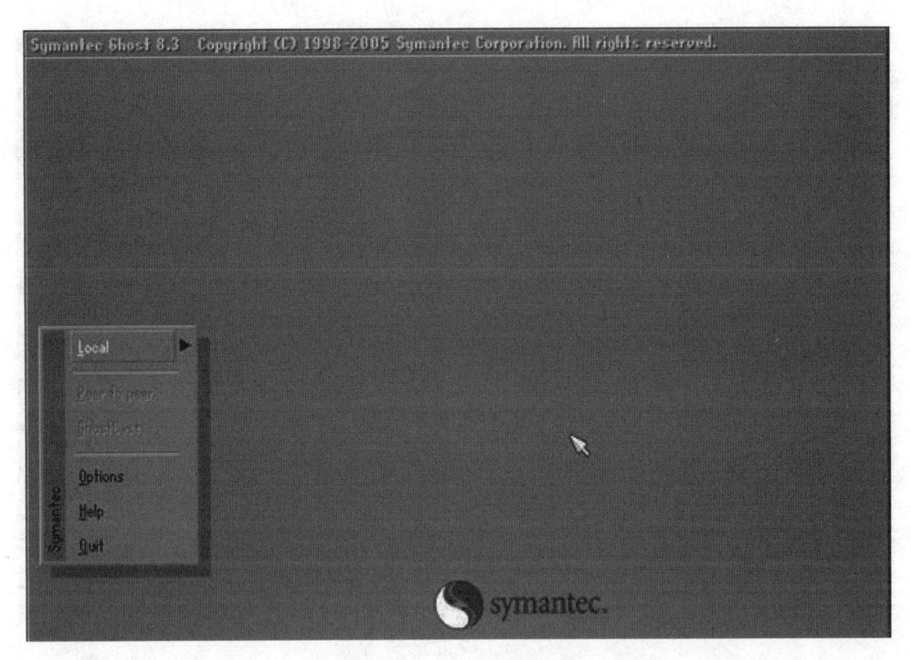


图 9.11　Ghost 主界面

（3）依次选择“Local”→“Partition”→“To Image”，如图 9.12 所示，其中 Partition 代表分区，To Image 代表到映像文件。

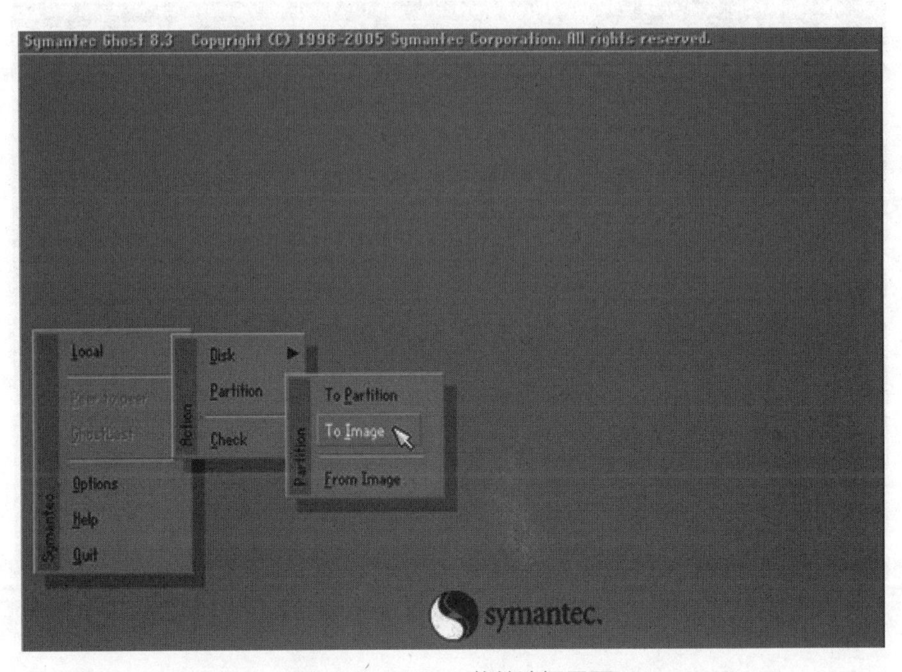


图 9.12　Ghost 菜单选择界面

（4）进入硬盘选择界面，如图 9.13 所示，图中椭圆框内部分显示的是只有一块硬盘，选中后单击“OK”按钮。

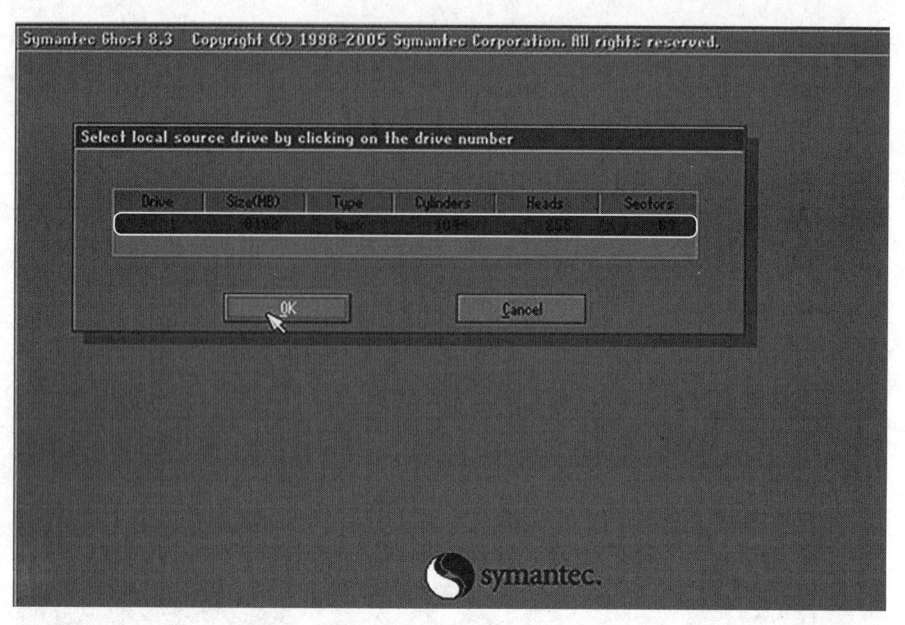


图 9.13　硬盘选择界面

（5）进入备份分区选择界面，如图 9.14 所示，图中椭圆框内部分显示有两行，表示两个可以操作（备份）的分区，选中需要备份的第一个（系统分区），单击“OK”按钮。

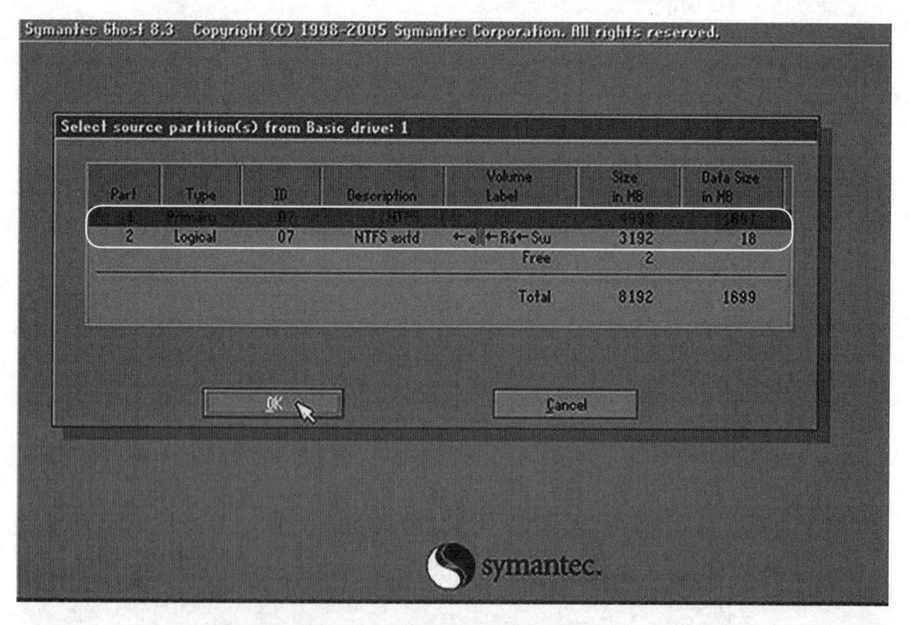


图 9.14　备份分区选择界面

（6）设置备份文件所在的分区、目录及文件名，文件名可以根据用户的习惯自定义，单击“Save”按钮，如图 9.15 所示。图中“Look in”后的“1:2”表示第一块硬盘的第二个分区，在 Windows 系统中通常为“D: 盘”。

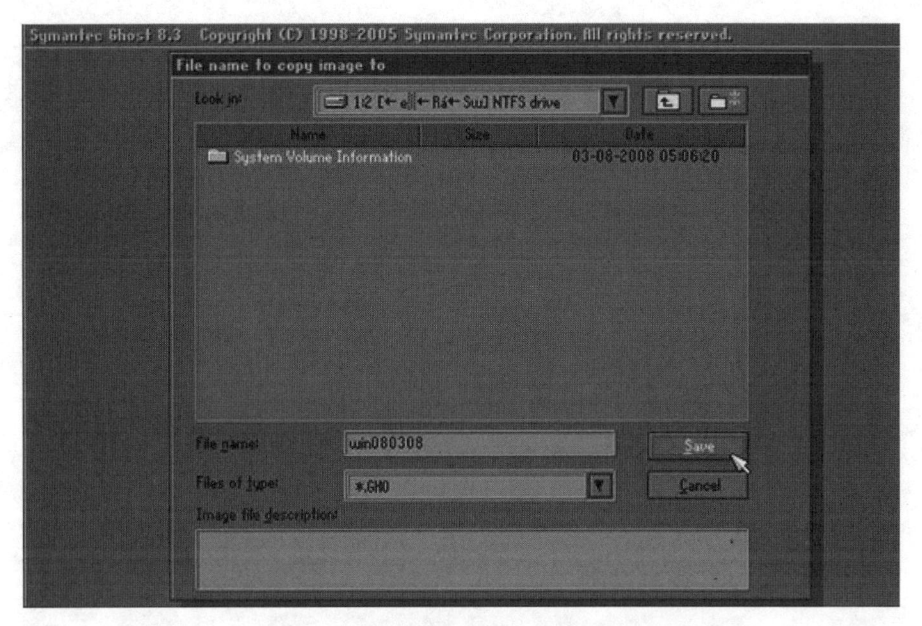


图 9.15　备份文件目录及文件名设置

（7）询问映像文件是否需要压缩。其中，“No”代表不压缩，“Fast”代表快速压缩，“High”代表高度压缩。一般情况下，选择“Fast”即可，如图 9.16 所示。

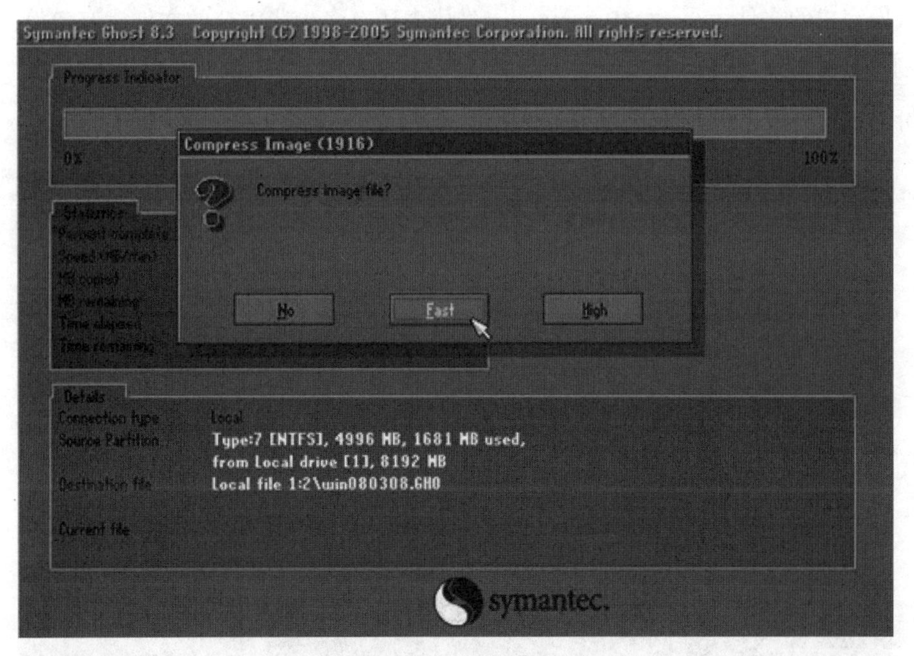


图 9.16　备份压缩方式选择

（8）询问是否开始创建映像文件，单击“Yes”按钮，如图 9.17 所示。

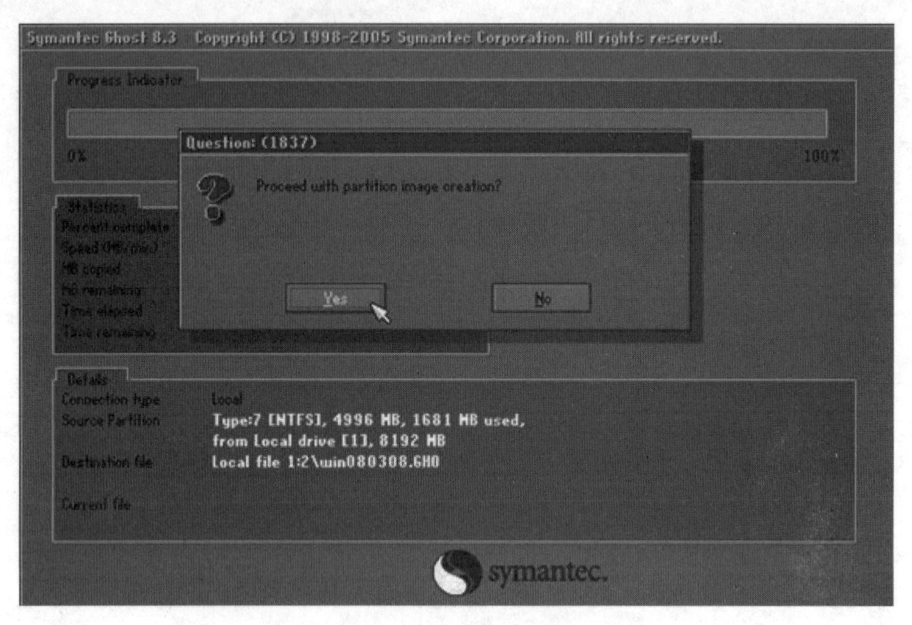


图 9.17 询问是否开始创建映像文件

（9）系统开始备份，如图 9.18 所示。其中，“Percent complete”代表完成的百分比；“Speed（MB/min）”代表每分钟备份文件大小，单位是兆字节每分钟；“MB copied”代表已经备份完成的文件大小；“MB remaining”代表还有多少兆字节的文件没有备份；“Time elapsed”代表备份已经花费多少时间；“Time remaining”代表预计还需要多少时间才能完成备份。备份完成出现界面，如图 9.19 所示。

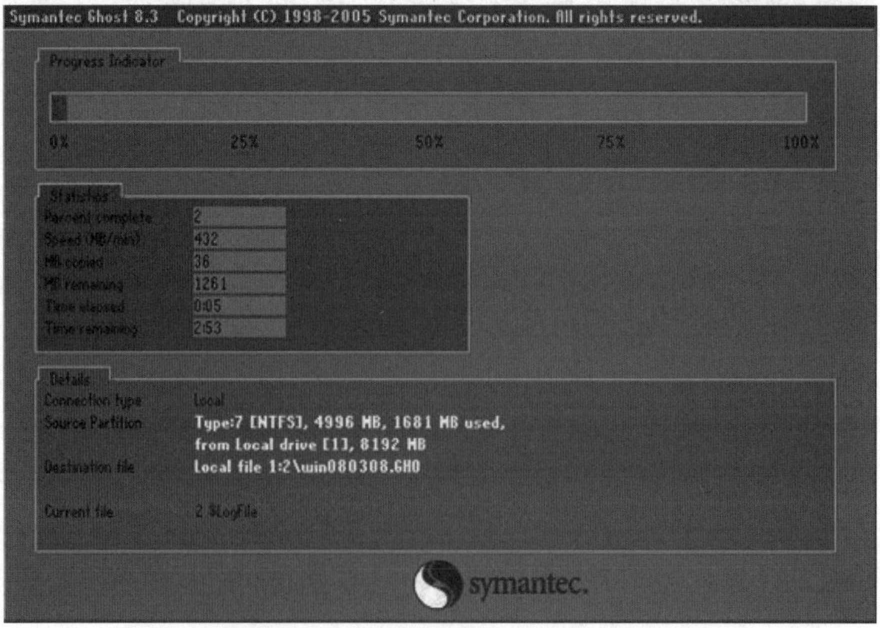

图 9.18 备份进行中

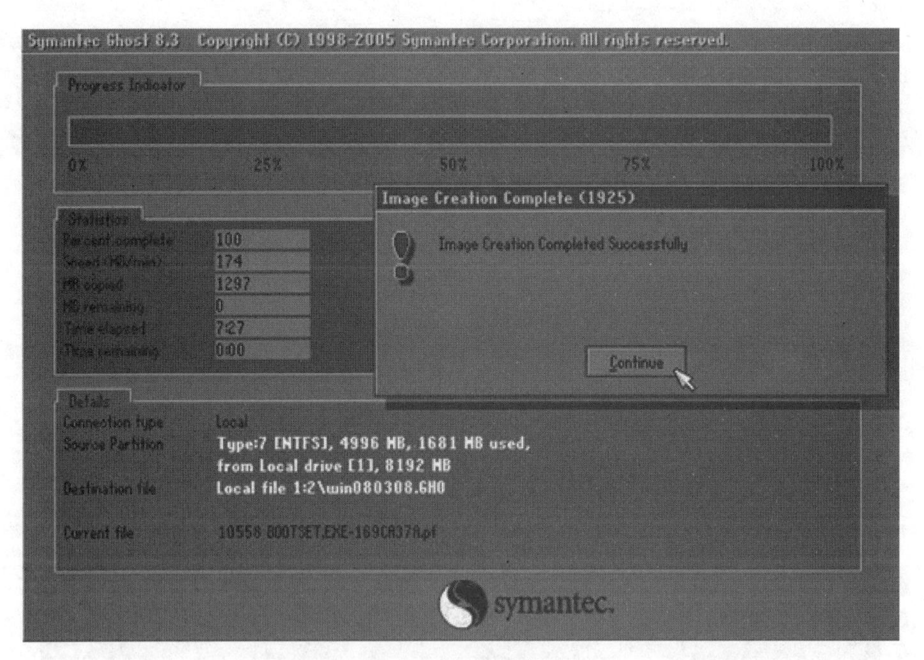


图 9.19 备份完成

## 2. 利用 Ghost 软件进行系统还原

（1）在 Ghost 菜单选择界面中，依次选择“Local”→“Partition”→“Form Image”，如图 9.20 所示。

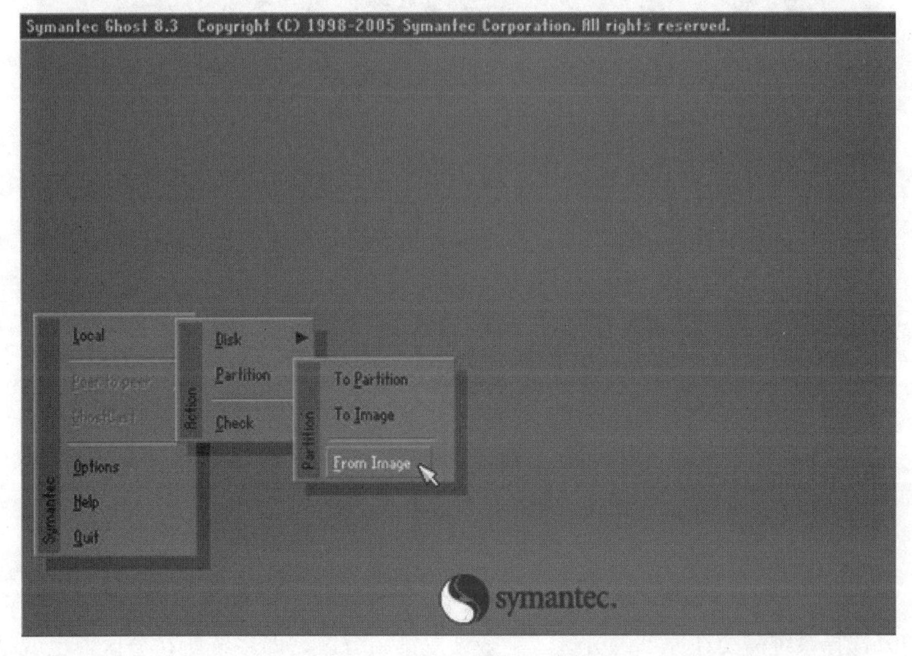


图 9.20 Ghost 菜单选择界面

（2）选择上文中已备份好的文件，单击“Open”按钮，如图 9.21 所示。

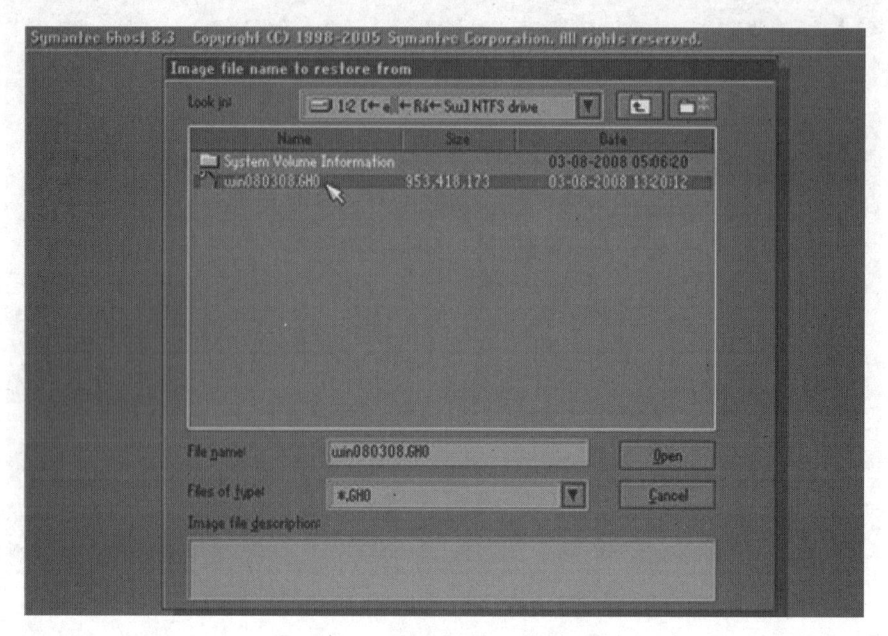


图 9.21　系统还原文件选择界面

（3）选择需要还原系统的硬盘，单击“OK”按钮，如图 9.22 所示。

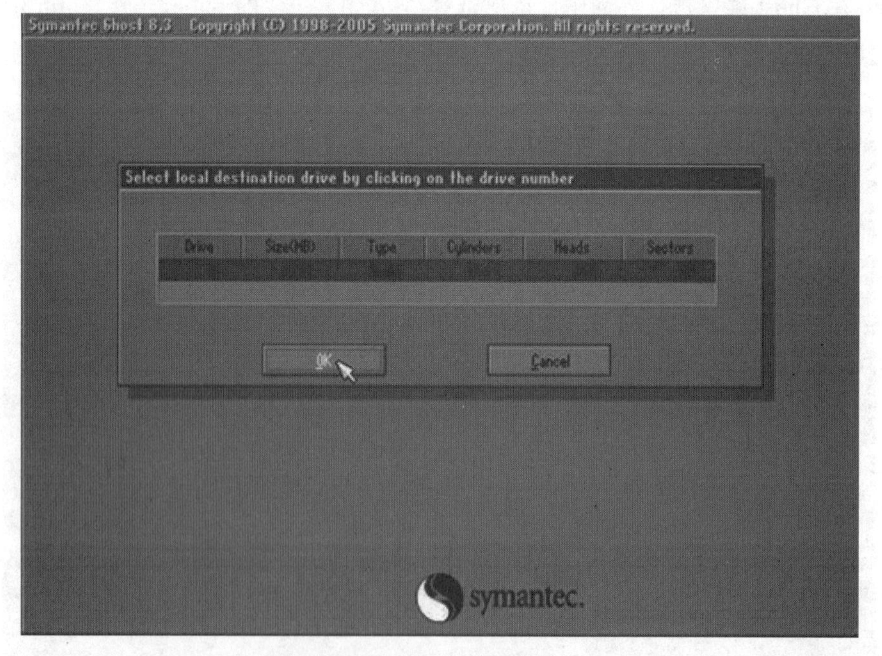


图 9.22　还原系统硬盘选择

（4）选择系统需要还原到的分区，一般恢复第一分区，即系统所在分区，也就是常说的 C 盘，单击“OK”按钮，如图 9.23 所示。

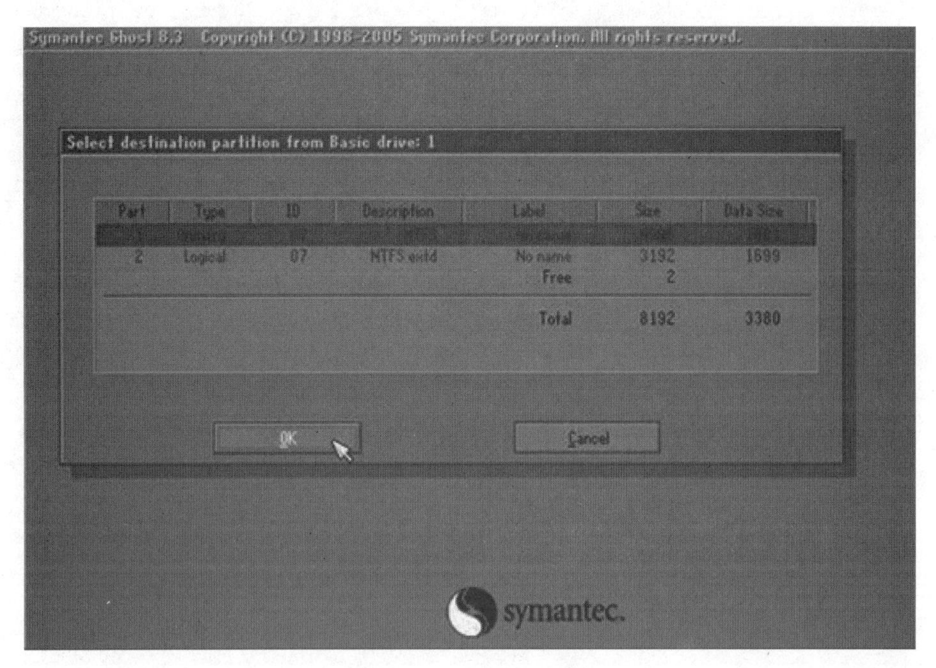


图 9.23　还原分区选择

（5）询问是否开始进行恢复，并提示目标分区数据将被覆盖。单击“Yes”按钮，如图 9.24 所示。开始进行还原，如图 9.25 所示。

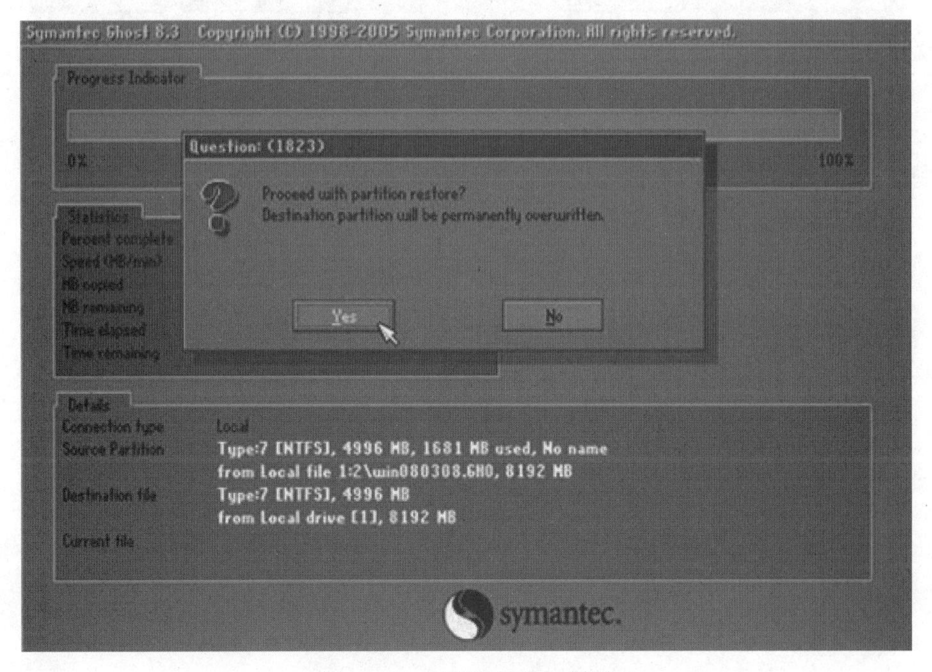


图 9.24　还原最终提示界面

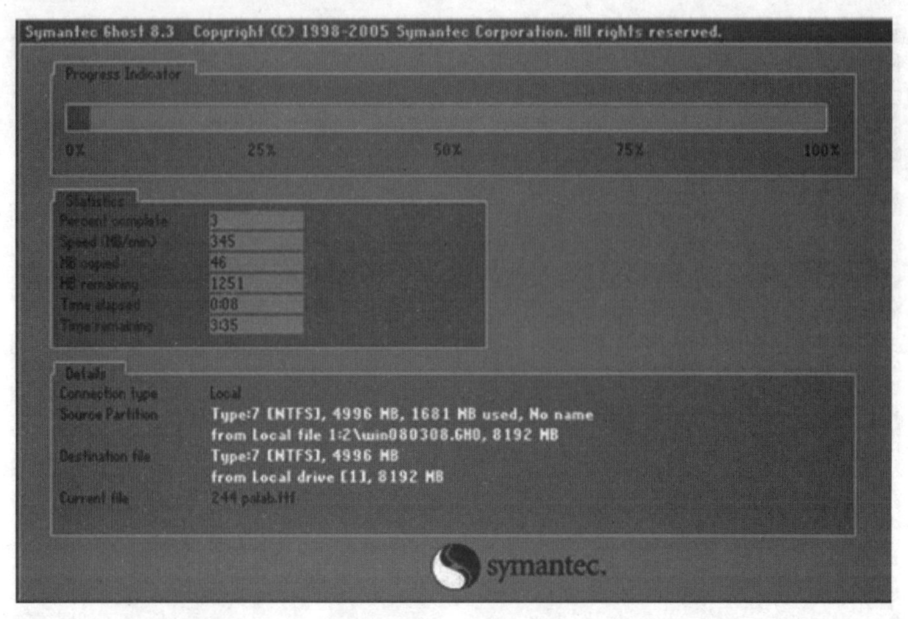


图 9.25　还原进行中

（6）系统还原完成。此时，可以单击“Continue”按钮，退回到 Ghost 的主界面；或单击“Reset Computer”按钮，重新启动电脑。如图 9.26 所示。

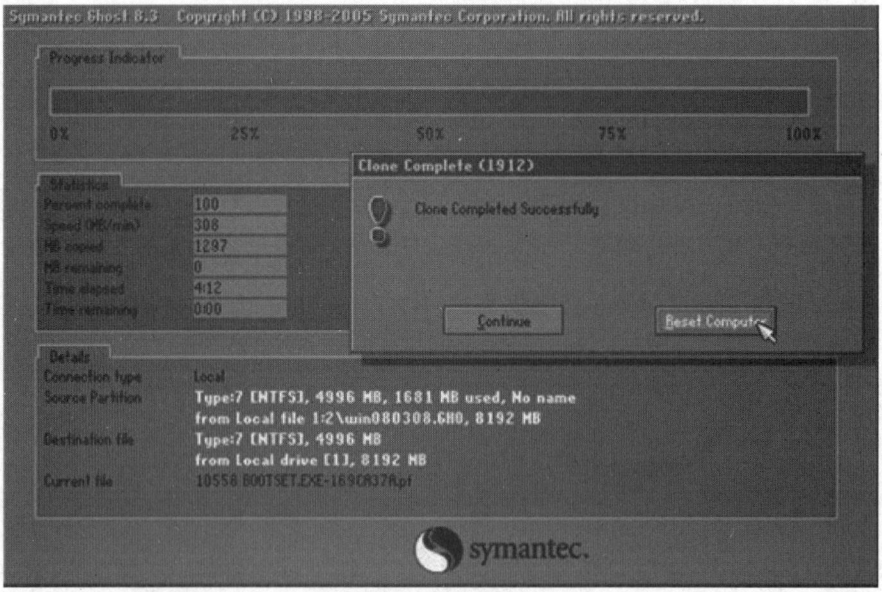

图 9.26　还原完成

# 项目10 计算机日常维护

## 项目简介

在使用计算机的过程中，用户最担心的就是遇到各类故障，特别是在关键时候出故障。一般情况下，需要找专业人员来维修，但是耗时较长，影响工作进度。如果学会一些计算机的日常维护，那么就能快速排除计算机的常见故障。本项目将对计算机常见的软件故障和硬件故障进行讲解。

## 知识目标

1. 了解计算机各部件的日常维护知识。
2. 掌握计算机维修的基本原则和方法。
3. 根据故障现象分析其原因，并能够进行检测和处理。

## 能力目标

1. 能够正确分析计算机常见故障产生的原因。
2. 能够利用计算机日常维护知识对计算机进行日常维护。
3. 能够分析和排除计算机常见的故障，特别是典型的软件和硬件故障。

# 任务1　计算机故障分类

## 1.1 任务导入

小李同学在使用计算机时遇到了一些突发故障请专业人员来维修。维修师傅在维修过程中提到，一个故障是硬件的内存条引起的，而另一个故障是软件引起的。小李同学想知道，计算机的故障可以分为几类，是依据什么来判断故障的。

## 1.2 任务提要

计算机故障分为硬件故障和软件故障。在维修时，首先要判断故障是由硬件引发的，还是软件引发的。通过了解计算机故障分类及产生的原因，可以快速解决计算机故障问题。

## 1.3 任务实施

### 1. 硬件故障

硬件故障是指由于计算机硬件系统使用不当或硬件物理损坏所造成的故障。硬件故障有“真”故障和“假”故障之分。

（1）计算机假故障。在常见的计算机故障现象中，有很多并不是真正的硬件故障，而是由于某些设置或系统某些特性造成的假故障现象，主要有以下几方面：

①电源线和插座。应检查计算机电源是否插好，电源插座是否接触良好，主机、显示器等要外接电源的设备电源插头是否可靠地插入了电源插座，上述各部件的电源开关是否都置于“开 /ON”的位置。

②连线问题。检查计算机各部件间数据、控制连线是否连接正确和可靠，插头间是否有松动现象。若主机与显示器的数据线连接不良，常常造成“黑屏”的假死机现象。

③系统新特性。很多故障现象其实是硬件设备或操作系统的新特性。例如，带节能功能的主机，每隔一段时间无人使用或无程序运行便会自动关闭显示器和硬盘的电源，此时敲一下键盘按键或移动一下鼠标就能恢复正常。如果用户不知道主机的这一特性，就可能认为显示器或硬盘出了故障。再如，Windows 系统的一些屏幕保护程序，常让人误以为是病毒发作。用户多了解计算机外部设备和应用软件的新特性，有助于区分硬件故障的“真”与“假”。

④其他易疏忽的地方。例如，在使用光驱时，将光盘盘面放反，发生了故障。

计算机出现故障时，用户首先要检查自己的操作过程是否有不当之处和大意的地方，不要盲目断言是某设备出了故障。

（2）计算机真故障。计算机真故障是指各种板卡、外部设备等出现的电气故障或者机械故障等物理故障。这些故障可能导致所在板卡或外部设备的功能丧失，甚至出现计算机系统无法启动的现象。造成这些故障的原因多数与外界环境、使用操作等有关。

### 2. 软件故障

软件故障是指由于软件编程中出现的问题、操作中文件被误删除或破坏、计算机感染病毒等原因而导致计算机不能正常运行所产生的故障。主要有以下几种情况：

（1）软件与系统不兼容引起的故障。软件的版本与运行的环境配置不兼容，造成计算机不能运行、系统死机、某些文件被改动和丢失等故障。

（2）软件相互冲突引起的故障。两种或两种以上软件的运行环境、存取区域、工作地址等发生冲突，造成系统工作混乱、文件丢失等故障。

（3）误操作引起的故障。误操作分为命令误操作和软件程序运行误操作，即使用了错误的命令；选择了错误的操作；运行了某些具有破坏性的程序，不正确或不兼容的诊断程序、硬盘操作程序、性能测试程序等而使文件丢失、硬盘格式化等。

（4）垃圾文件过多引起的故障。操作系统中存在的垃圾文件过多，造成系统瘫痪。

（5）计算机病毒引起的故障。计算机病毒会极大地干扰和影响计算机的使用，它可以使计算机存储的数据和信息被破坏，甚至全部丢失，并且会传染给其他计算机。大多数计算机病毒可以隐藏起来，像定时炸弹一样待机发作。

（6）不正确的系统配置引起的故障。系统配置故障分为三种类型，即系统启动基本CMOS芯片配置故障、系统引导过程配置故障和系统命令配置故障。如果系统配置的参数和设置不正确或者没有设置，计算机可能会不工作和产生操作故障。

计算机的软件故障一般情况下可以恢复，但在某些情况下，有些软件故障也会转为硬件故障。

## 任务2 计算机故障诊断原则及方法

### 2.1 任务导入

小李同学已经知道了计算机的故障分类，现在又想进一步了解如何诊断计算机故障及检测方法。

## 2.2 任务提要

计算机故障是指计算机在使用过程中，出现系统不能正常运行或运行不稳定，以及硬件损坏或出错等现象。计算机故障是由各种因素引起的，主要包括计算机部件质量差、硬件之间的兼容性差、被病毒或恶意软件破坏、工作环境恶劣以及在使用与维护时的错误操作等。尽管计算机故障各式各样、千奇百怪，但由于计算机是由一种逻辑部件构成的电子装置，因此识别故障也有章可循。

## 2.3 任务实施

### 1. 检查故障的基本步骤

检查故障的基本步骤可归纳为四步：由系统到设备、由设备到部件、由部件到器件、由器件的线到器件的点，依次检查，逐渐缩小范围。

（1）由系统到设备是指一个计算机系统出现故障，先要找到是系统中哪个设备的问题，如主机、键盘、显示器、打印机或磁盘驱动器等。

（2）由设备到部件是指检查该设备的哪个部件出了故障。如果是主机故障，应进一步检查是主机中哪个部件出了故障，如 CPU、内存、显卡、接口部件等。

（3）由部件到器件是指检查故障部件中的哪个具体元器件或集成电路芯片故障，进一步缩小范围。例如，已知是内存故障，那么就进一步找出是内存的哪一块集成电路的问题。

（4）由器件的线到器件的点是指，若某块芯片的工作不正常，可能是芯片本身的问题，也可能是芯片引脚脱焊、短路、虚焊或与之连接的元器件故障，应进一步检查是芯片本身的问题还是芯片外的接点或元器件的故障，最后找到故障点。

综上所述，检查计算机故障时，要循序渐进，由大到小，由表到里，逐步缩小范围，切不可急于求成、东碰西撞，这样不仅找不到故障，还可能造成新的故障。

### 2. 检查故障的基本原则

（1）对于情况要了解清楚。维修前要弄清楚计算机的配置情况，以及所有操作系统和应用软件，了解计算机的工作环境和条件；了解系统近期发生的变化，如移动、装卸软件等；了解诱发故障的直接或间接原因与死机时的现象。

（2）先假后真、先外后内、先软后硬。①先假后真：确定系统是否真故障、操作过程是否正确、连线是否可靠，排除假故障的可能后再去考虑真故障。②先外后内：先检查机箱外部，然后再考虑打开机箱，并且不要盲目拆卸部件。③先软后硬：先分析是否存在软件故障，再去考虑硬件故障。

（3）检查故障时要做好安全措施。计算机需要接通电源才能运行，因此在拆机检修时千万要注意检查电源是否切断；此外，预防静电与绝缘非常重要。做好安全防范措施，既是为了保护自己，也是为了保障计算机部件的安全。

### 3. 计算机故障处理步骤

（1）明确故障根源。当计算机出现故障时，必须了解所出现的问题是哪一方面的，是内存，显卡，还是兼容性等问题。这就需要用户有一个清晰的头脑，一步一步地观察，才能找到问题所在，然后正确处理。

（2）收集资料。根据问题所在，收集相应的资料，如主板型号、CPU 型号、BIOS 版本、显卡型号，以及操作系统版本等。这种收集有利于判断故障是否是由兼容问题或版本问题引起的。

（3）提出解决的方法。根据计算机出现的故障现象，结合用户掌握的软件、硬件处理知识，提出一个合理的解决方法。

### 4. 故障检测注意事项

（1）切断电源。在拆装零部件的过程中，切记一定要切断电源。不要进行热插拔，以免误操作而烧坏计算机。

（2）备妥工具。在开始维修前先备妥工具（如螺钉刀、尖嘴钳、清洁工具等），不要到维修中途才发现少了某种工具而无法继续维修。

（3）小心静电。维修计算机时要小心静电，以免烧坏计算机元器件，尤其是在干燥的冬天，人体经常带有静电，不能未除静电就直接用手触摸计算机部件。

（4）备妥小空盒。维修计算机有时难免要拆卸计算机，这样就会拆下一些螺丝钉，为防止丢失可以将卸下的螺丝钉放到一个小盒中，最好放入有小隔板且可以存放下不同大小的螺丝钉的空盒，或边拆边用手机拍照，帮助维修完毕后将螺丝钉拧回原位。

### 5. 故障检测方法

（1）清洁法。对于工作环境较差或使用时间较长的机器，应首先进行清洁。可用毛刷轻轻刷去主板和外部设备上的灰尘，但如果灰尘已经清扫掉或无灰尘，而计算机的故障依然存在，那么就需要进行下一步的检查。此外，还要查看主板等的引脚是否有发黑、虚焊或潮湿的现象。引脚发黑是引脚被氧化的表现。一旦引脚被氧化，很有可能导致电路接触不良，从而引起计算机故障。此时，可用橡皮擦或专业的清洁剂轻轻擦去引脚的表面氧化层，再重新插接好，开机检查故障是否排除。

（2）直接观察法。直接观察法可以总结为四个字——看、听、闻、摸。

“看”，即观察系统板卡的插头、插座是否歪斜；电阻、电容引脚是否相碰，表面是否烧焦；芯片表面是否开裂；主板上的铜箔是否烧断。另外，还要查看是否有异物掉进主板或其他板卡的元器件之间而造成短路，也可以看看板卡上是否有烧焦变色的情况，电路板上的铜箔是否断裂等。

“听”，即监听电源风扇、硬盘电机或显示器、变压器等设备的工作声音是否正常。另外，系统发生短路故障时，常常伴随着异常声响。监听可以及时发现一些事故隐患以及在事故发生时采取即时措施。

“闻”，即辨闻主机，板卡中是否有烧焦的气味，若有则应尽快根据散发气味的地方确定故障区域并排除故障。

“摸”，即用手按压管座的活动芯片，查看芯片是否松动或接触不良。另外，在系统运行时，用手触摸或靠近 CPU、显示器、硬盘等设备的外壳，根据其温度可以判断设备运行是否正常；用手触摸一些芯片的表面，如果发烫，则为该芯片损坏。

（3）拔插法。计算机系统产生故障的原因很多，如主板自身故障、I/O 总线故障、各种插卡故障等均可导致系统运行不正常。采用拔插法是确定故障是主板还是 I/O 设备的简捷方法。该方法步骤是关机后将板卡逐块拔出，每拔出一块板卡就开机观察计算机的运行状态。如果故障依然存在，则将该板卡插回；一旦拔出某块板卡后主板运行正常，那么故障原因就是该板卡故障或相应 I/O 总线插槽及负载电路故障。若拔出所有插件板后系统启动仍不正常，则故障很可能就在主板上。

拔插法的另一含义：一些芯片、板卡与插槽接触不良导致故障发生，那么将这些芯片、板卡拔出后再重新正确插入，就可以排除因安装不当或接触不良引起的计算机部件故障。

（4）交换法。将同型号板卡，总线方式一致、功能相同的板卡或同型号芯片相互交换，根据故障现象的变化情况判断故障所在。此法多用于易拔插的维修环境，例如，内存自检出错，可交换相同的内存芯片或内存条来判断故障部位。若是无故障芯片之间进行交换，则故障现象不变；若交换后故障现象发生变化，则说明交换的芯片中有一块是坏的，可进一步通过逐块交换确定故障部位。如果能找到相同型号的计算机部件或外部设备，使用交换法可以快速判定是否元器件本身的质量问题。

交换法也可用于以下情况：若没有相同型号的计算机部件或外部设备，但有相同类型的计算机主机，可以把计算机部件或外部设备插接到相同类型的主机上判断其是否损坏。

（5）比较法。运行两台或两台以上相同或相类似的计算机，根据正常计算机与故障计算机在执行相同操作时的不同表现，可以初步判断故障产生的部位。

（6）主板报警法。此法是通过计算机开机时主板上的 BIOS 所控制发出的报警声来判断故障范围的方法。比较常见的 BIOS 芯片有 Phoenix-Award BIOS 和 AMI BIOS 等，下面介绍 Phoenix-Award BIOS 报警声的含义。

①1 短：系统正常启动，没有任何问题。

②2 短：常规错误。进入 CMOS Step，重新设置不正确的选项。

③1 长 1 短：内存或主板出错。可以尝试换一条内存；若还是报警，则需更换主板。

④1 长 2 短：显示器或显示卡错误。

⑤1 长 3 短：键盘控制器错误。检查主板。

⑥1 长 9 短：主板 Flash RAM 或 EPROM 错误，BIOS 损坏。可以尝试更换 Flash RAM 。

⑦不断地响（长声）：内存未插紧或损坏。可以重插内存条；若还是报警，则需更换内存条。

⑧不断地响：电源、显示器未和显卡连接好。检查所有的插头。

⑨重复短响：电源有问题。

⑩无显示无报警声：电源或主板有问题。

（7）振动敲击法。用手指轻轻敲击机箱外壳，有可能解决因接触不良或虚焊造成的故障问题。若故障无法排除，可进一步检查故障点的位置，进行修理。

（8）升温降温法。

①升温法：人为升高计算机运行环境的温度。这种方法可以检验计算机各部件（尤其是 CPU）的耐高温情况，从而及早发现事故隐患。

②降温法：人为降低计算机运行环境的温度。如果计算机的故障出现率大为减少，说明故障源于高温或不能耐高温的部件，此方法可以帮助缩小故障诊断范围。

总的来说，升温降温法是根据故障促发原理来制造故障出现的条件，促使故障频繁出现，用以观察和判断故障所在的位置。

（9）程序测试法。程序测试法的原理就是用软件发送数据、命令，通过读线路状态及某个芯片（如寄存器）状态来识别故障部位。此方法往往是用于检查各种接口电路故障及具有地址参数的各种电路。但此法应用的前提是 CPU 及总线基本运行正常，能够运行有关诊断软件，能够运行安装于 I/O 总线插槽上的诊断卡等。

编写的诊断程序要严格、全面、有针对性，能够让某些关键部位出现有规律的信号，能够对偶发故障进行反复测试并能显示记录出错情况。程序测试法要求具备熟练的编程技巧，熟悉各种诊断程序与诊断工具（如 debug、DM 等），掌握各种地址参数（如各种 I/O 地址）及电路组成原理等，而掌握各种接口单元正常状态的各种诊断参考值则是有效运用软件诊断法的前提。

# 任务 3　计算机典型故障的分析与排除

## 3.1 任务导入

小李同学偶尔会遇到计算机死机、重启、开机无响应、蓝屏等现象，有时重启计算机就可以解决问题，但有时重启计算机并不能解决问题。这时该怎么办呢？

## 3.2 任务提要

计算机在使用过程中难免会产生各种各样的问题，如果了解一些常见的故障的原因和解决方法，很多问题就会迎刃而解。下面将要介绍几种典型的计算机故障的分析与排除方法。

## 3.3 任务实施

### 1. 死机

死机是计算机的常见故障之一。几乎每个计算机用户都遇到过死机的情况，尤其是经常运行各种大型软件或同时运行很多软件的用户遇到死机的情况会更多。若用户正在编辑或处理重要数据而并未对其进行保存时，死机所带来的损失会很大。

死机时的表现多为蓝屏、无法启动系统、画面“定格”无反应、鼠标或键盘无法输入、软件运行非正常中断等。尽管造成死机的原因是多方面的，但是脱离不了硬件与软件这两方面。

造成死机的软件和硬件故障最常见原因有以下几种。

（1）CPU 散热器出问题，过热所致

检测方法：检测这个故障的方法很简单，首先将计算机平放在工作台上，打开计算机，观察 CPU 散热器扇叶是否在旋转，如果扇叶完全不转，则故障确认。有时，CPU 风扇出现故障，却没有完全停止转动。而转数过少，同样起不到良好的散热作用。检测这种情况常用的方法：将食指轻轻地放在 CPU 风扇上（注意不要把指甲放到风扇上），如果有打手的感觉，证明风扇运行良好；如果手指放上去风扇就不转了，则风扇故障确认。

解决方案：更换 CPU 散热器。

（2）其他造成死机的常见硬件故障：显卡、电源散热器出问题，过热所致

检测方法：检测显卡散热器与检测 CPU 散热器方法相同，不再赘述。电源散热器故障的检测方法则稍有不同，可以将手心平放在电源后部，如果感觉吹出的风有力，且不是很热，证明电源散热器正常；如果感觉吹出的风很热，或是根本感觉不到风，则说明有问题。

解决方案：若是显卡过热所致，可以直接更换显卡风扇；若是电源风扇的问题，虽然风扇在电源内部，但同样可拆开自行更换。

（3）硬件或软件冲突造成的死机

计算机硬件冲突造成的死机主要是由中断设置的冲突而造成的。例如，声卡或显卡设置冲突引起异常错误。此外，其他设备的中断号、直接存储器访问（DMA）或端口出现冲突的话，可导致少数驱动程序产生异常，以致死机。当硬件发生冲突时，虽然各个硬件勉强可以在系统中共存，但是由于中断号等资源的限制，导致这些设备不能同时进行工作，例如，能够上网的时候就不能听音乐等。如果中断的冲突频频出现，将使系统不堪重负，造成死机。

解决方案：安全模式启动。通过选择“控制面板”→“系统”→“设备管理”进行适当调整，一般可以解决硬件冲突造成的死机问题。

同样，软件之间也存在冲突。有些应用软件由于设计方面的原因会和另一个软件同时调用同个系统文件或存取同一段物理地址，从而发生冲突。此时的计算机系统由于不知道该优先处理哪个请求，就会造成系统紊乱而导致计算机死机。此类死机现象通常是定格死机、重启、蓝屏、提示“非法操作”或失去响应。有时，这类“软死机”故障属于“假死机”，等待一段时间后，计算机就会从假死状态中“醒”过来，例如，打开若干个 IE 浏览器窗口，经常会遇到这种“假死机”现象。

（4）硬件的质量低劣和使用时间太久造成的死机

有些计算机硬件产品未经过合格检验程序就投放市场，它们使用劣质元件，从表面上一般不容易看出问题。硬件质量低劣常导致死机故障的发生，其中以内存质量关系最大。

由于内存条的工作频率越来越高，其发热量也随之升高，因而性能也就要差一些了。通常内存故障是指内存条松动、虚焊、内存芯片本身损坏等。另外，有些硬件的故障是由于使用时间太久而产生的。

（5）计算机系统资源耗尽造成的死机

这种死机故障是常见的，造成计算机系统资源耗尽的因素有以下几点：

①内存不足：在计算机操作系统中运行了大量的程序，使得系统内存资源不足而造成死机。此外，硬盘剩余空间太小或磁盘碎片太多也会导致“内存不足”，所以要定期清理各种垃圾文件和定期整理磁盘碎片。

②随机启动的程序太多导致系统资源不足。

③病毒本身或使用病毒实时监控软件以及防火墙导致系统资源不足。系统存在病毒时，需要使用杀毒软件进行全面的查毒、杀毒，并且日常要做到定时升级杀毒软件。如果是使用病毒实时监控软件发生的死机，可将其关闭；如果系统恢复正常，则不要再使用此监控软件，可尝试换成其他此类软件。

（6）内存混用后，系统出现频繁死机

内存是计算机中最常升级的部件。在升级过程中，由于内存品牌、存储速度、容量的不同，内存的混插容易出现不兼容现象，导致系统工作不稳定。

解决方法：通常是将存储速度较快的内存条插在第一个插槽上，在主板 CMOS 设置中采用“就低”原则，将有关各项内存参数设置得保守一些，将 CMOS 中“Advanced Chipset Features”选项中的“DRAM Timing By SPD（自动侦测模式）”改为“Disabled”，以免引起混乱。

### 2. 重启

这里的重启故障是指计算机在正常使用情况下无故重启。需要提前指出的一点是，即使是没有软件或硬件故障的计算机，偶尔也会因为系统漏洞或非法操作而重启，所以偶尔的重启并不一定是计算机出了故障。

除了上述情况外，造成重启的最常见硬件故障有以下几点：

（1）CPU 风扇转速过低或 CPU 过热

一般来说，CPU 风扇转速过低或 CPU 过热只能造成计算机死机，但由于目前市场上大部分主板均有 CPU 风扇转速过低和 CPU 过热保护功能（各个主板厂商的叫法不同），其作用就是如果在系统运行的过程中，若检测到 CPU 风扇转速低于某一数值或是 CPU 温度超过某一数值，计算机就自动重启。因此，如果计算机开启了这项功能，那么 CPU 风扇一旦出现问题，计算机就会在使用一段时间后不断重启。

检测方法：将 BIOS 恢复一下默认设置，关闭上述保护功能，如果计算机不再重启，就可以确认故障源了。

解决方案：更换 CPU 散热器。

（2）造成重启的常见硬件故障：主板电容爆浆

计算机在长时间使用后，部分质量较差的主板电容会爆浆。如果只是轻微爆浆，计算机依然可以正常使用，但随着主板电容爆浆的严重化，主板会变得越来越不稳定，出现重启故障。

检测方法：将机箱平放，查看主板上的电容。正常电容的顶部是完全平的，部分电容顶部会有点内凹，但爆浆后的电容是凸起的。

解决方案：找专业的维修人员或拿到专门维修站点去维修。一般是更换主板供电部分电容。

### 3. 开机无响应

经常使用计算机的用户有时会碰到这些情况：按下电源按钮后，计算机无响应，显示器黑屏不亮。除去如显示器、主机电源没插好，显示器与主板信号接口处脱落等原因外，常见的故障原因如下：

（1）开机后 CPU 风扇转但黑屏

如果开机后听到主板 BIOS 报警声（Phoenix-Award BIOS 的报警声含义在任务 10.2 中已介绍），那么就可以利用报警声的不同含义进行维修。

如果开机后主板 BIOS 报警声没有响，那么就需要注意主板硬盘的指示灯（主机上明显的红色指示灯）。如果它是一闪一闪的（间隔不定），像是在不断读取硬盘数据（也就是正常启动的状态），那么就将检查的重点放在显示器上。如果确定是显示器的问题，用户不要自行打开显示器后盖进行维修（其内部有高压电），需要找专业维修人员。

如果主板硬盘指示灯长亮或是长暗，则要将检查的重点放在主机上，可以尝试对内存、显卡、硬盘等配件用逐一插拔的方式来确认故障源。

（2）按开机键 CPU 风扇不转

这种故障是最难处理的，尤其是在没有任何专业设备的情况下。下面会根据经验给出一些切实可行的检测方法和步骤。

①检查电源和重启按键是否存在物理故障。最常见的是按键按下去起不来，两个按键任一个出现这种问题，均可以造成计算机无法正常开机。

②打开机箱，将主板 BIOS 电源拔下，稍等一会再重新接上，查看计算机是否可以正常运行。

③将主板与机箱的连接线全部拔下，用螺钉刀碰触主板电源控制针（由于主板上有许多针，电源控制针的确认需参照主板说明书），如果能够正常开机，则证明是机箱上开机键和重启键的问题。

④将电源和主板、光驱、硬盘等设备相互之间的数据线和电源线全部拔下，再将主板背面所有设备，如显示器、网线、鼠标、键盘，也全部拔下，吹干净主板电源插座和电源插头上的灰尘后重新插上并开机。如果可以开机，再将设备一件一件插上，以确认故障源。确认故障源后，更换故障配件即可解决问题。

若完成以上四步检测后，依然不能确定故障源，那么在现有设备的情况下，估计故障是电源或主板烧毁。

（3）换上独立显卡后开机黑屏

此类故障一般是由于独立显卡与主板上的集成显卡冲突造成的。解决方法是认真查看主板说明书上的跳线说明，通过改变跳线屏蔽掉主板上的集成显卡；有些主板可以通过CMOS 的设置来停用主板上的集成显卡，如果用户使用的是这种主板，则要设置 CMOS中有关参数。

（4）设置 CMOS 后开机无显示

CMOS 设置中的参数如 CPU、磁盘、内存类型与实际的配置不相符时，可能会引发无显示故障。对此，只需要采用放电法清除主板 CMOS 设置，恢复最初状态即可解决问题。

（5）使用集成显卡的计算机更换内存后开机黑屏

对于使用集成显卡的主板来说，在共享系统内存时，往往只能共享插在第一条内存插槽（DIMM1）上的内存。当 DIMM1 上没有插内存时，集成显卡无法从物理内存中取得显存，故开机时黑屏。此时，重点检查内存条是否插在标注为 DIMM1 的内存插槽上即可。

### 4. 显示器故障

阴极射线管（Cathode Ray Tube，CRT）显示器全屏、一个角或是一小块地方出现色斑并不是一个大故障，计算机仍然可以使用。但会影响用户的设计作图、观看视频等的视觉效果。解决方法很简单，查找一下计算机旁边是否有强磁的物品（如音箱、电视、磁铁等），将其移开，然后进入计算机显示器调节菜单，选择“消磁”选项，单击“确认”按钮即可。

有时，CRT 显示器受到强磁的磁化后，其本身的消磁功能已经不能完全修复显示器的偏色问题时，可以使用“消磁棒”来对显示器进行消磁。需要提醒的是，如果经常对计算机进行消磁，尤其是长时间多次使用“消磁棒”对计算机进行消磁，会加速 CRT 显示器的老化。

液晶显示器作为常用的计算机显示器，质量问题也是用户关心的关键问题。液晶显示器常见故障有漏光、漏液。漏光问题需要将显示器背板拆开，调整液晶面板紧贴显示器前膜，遮住背光模组。漏液问题只能更换显示器。液晶显示器在购买时一定要谨慎检查是否有故障隐患。

### 5. 网络故障

有时用户会遇到不能上网的情况，即网络故障。常见的网络故障主要有以下几个方面。

（1）网卡没有连接好

网卡一般有两个灯，即电源灯和数据传输灯。如果网卡没有连接到主板上，则网卡的电源灯和数据传输灯都不亮；同时在计算机的系统中，硬件的设备管理器中检测不到网卡存在。解决方法是断开电源，打开机箱，稍用力将网卡固定在主板上，通电后查看网卡的两个灯是否亮，同时系统会自动检测到网卡的存在，这时可以根据安装向导安装网卡驱动。

（2）网线没有连接好

网卡已经安装驱动程序，协议也添加完成，但仍然不能上网，同时观察网卡硬件连接时会发现网卡只有一个灯亮且不闪烁。这时，首先检查网卡和网线的水晶头是否接好；其次检查网线的另一端（如集线器），查看集线器上相应网线的插口指示灯是否亮并闪烁，如果不亮则说明发生断路，需将网线拔下重试。

（3）软件故障

网卡的软件故障主要包括网卡驱动程序不正确、网卡与其他设备有冲突和协议故障等。

### 6. 硬盘故障

（1）故障现象 1

开机后屏幕显示“Device error”或者“Non-System disk or disk error，replace and strike any key when ready”，说明硬盘不能启动，用光盘启动后，在“A:>”后输入“C:，”屏幕显示 Invalid drive specification，即系统不能识别硬盘。

故障分析：造成该故障的原因一般是 CMOS 中的硬盘设置参数丢失或硬盘类型设置错误。

故障处理：进入 CMOS，检查硬盘设置参数是否丢失或硬盘类型设置是否错误。如果确是该种故障，只需将硬盘设置参数恢复或修改即可；如果忘记硬盘参数或不会修改，可用备份过的 CMOS 信息进行恢复；如果没有备份 CMOS 信息，某些计算机的 CMOS 设置中有“IDE HDD AUTO DETECTION（IDE 硬盘驱动器自动检测）”选项，可自动检测出硬盘类型参数；若无此选项，用户可打开机箱，查看硬盘表面标签上的硬盘参数，照此修改即可。

（2）故障现象 2

开机后，“WAIT”提示停留很长时间，最后出现“HDD Controller Failure”的提示。

故障分析：造成该故障的原因一般是硬盘线接口接触不良或接线错误。

故障处理：先检查硬盘电源线与硬盘的连接是否良好，再检查硬盘数据线与计算机主板及硬盘的连接是否良好，如果连接松动或连线接反都会有上述提示。硬盘数据线的一边会有红色标志，连接硬盘时，该标志靠近电源线。在主板的接口上有箭头标志，或将标号 1 的方向对应数据线的红色标记。

## 7. Windows 系统蓝屏故障

使用 Windows 操作系统的用户有时会遇到蓝屏故障，如图 10.1 所示。引起蓝屏故障的原因很多，甚至包含一些不易察觉的因素，但解决办法也比较多。下面从硬件和软件两方面入手，介绍此类故障的主要原因和解决方法。

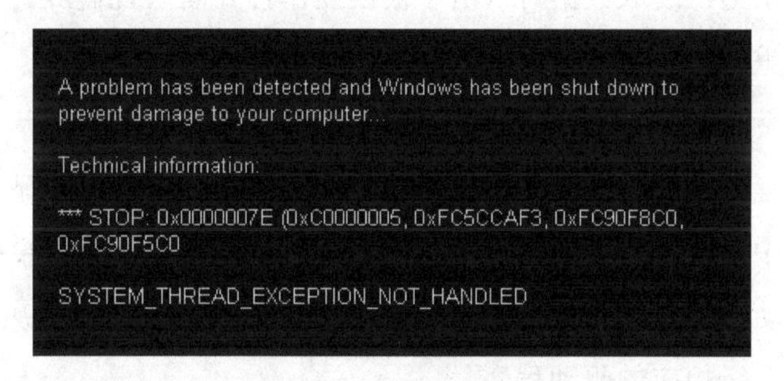


图 10.1　计算机蓝屏

（1）硬件因素

许多蓝屏故障是由于硬件设置不当或者质量低劣导致的。前者多是由于在 BIOS 中对内存、硬盘、电压等性能参数设置不当及各类超频因素，或者在 Windows 系统中对运行环境配置不合理导致；后者多是由于硬盘出现坏磁道，内存损坏或者电源功率不足等造成。除此之外，散热及硬件兼容性也是影响系统运行稳定性的重要因素。常见的有以下几种情况。

①虚拟内存不足造成系统多任务运算错误

虚拟内存是 Windows 系统特有的一种解决系统资源不足的方法。如果运行程序遇到内存不足的情况，则 Windows 系统会将引导区所在硬盘（大多数情况下为 C 盘）剩余空间中的一部分作为虚拟内存（所占空间大约是物理内存的 2 ～ 3 倍）。而如果将该分区的硬盘塞得满满的，就会导致虚拟内存因硬盘空间不足而出现运算错误，所以出现蓝屏。因此，用户尽可能不要在 C 盘等硬盘分区安装大型程序，要经常删除一些系统产生的临时文件、交换文件，从而释放空间；或者手动配置虚拟内存，把虚拟内存的默认地址转到其他的逻辑盘下，这样就可以避免因虚拟内存不足而引起蓝屏。

② CPU、显示芯片等部件超频导致运算错误

超频就是人为地超越原来设定的频率，以期完成更高的性能。但由于进行了超载运算，特别是在运算密集度较高的环境下，往往造成内部运算过多，使 CPU 过热，从而导致系统运算错误，出现蓝屏现象。

其实，计算机中某种部件超频影响的不仅是其本身，还对整个系统的稳定性有很大影响。例如，CPU 超频（外频改变）时，硬盘、内存等也都处于超频状态，如果这些部件承受不住超频的“压力”，那么系统运行时也会出现蓝屏现象。

③内存条的互不兼容或损坏引起运算错误

内存质量不佳往往在开机的时候就可以见到，其显示为无法启动计算机，在内存自检时会提示出错信息，进入 Windows 系统中主要表现为蓝屏现象。

④光驱在读盘时被非正常打开所致

这个现象是光驱正在读取数据时，由于被误操作打开而出现蓝屏。这个问题不影响系统正常工作，只要重新装入光盘或按 Esc 键即可。

⑤系统硬件冲突

这种现象导致蓝屏也比较常见。日常使用中经常遇到的是声卡或显卡的设置冲突。可在“设备管理器”中检查是否存在带有黄色问号或感叹号的设备，如果存在，可尝试先将其删除，并重新启动计算机，由 Windows 系统自动调整，一般可以解决；若仍无法解决，可手动进行调整或升级相应的驱动程序。

（2）软件因素

除了上述硬件因素导致的蓝屏故障外，软件环境设置不当也会造成蓝屏。

①启动时加载程序过多

如果在系统启动时加载过多的应用程序（尤其是内存不足的情况下），系统资源很容易消耗殆尽，表现为硬盘灯不停地闪烁，硬盘不断进行读写操作，此时常造成蓝屏。正常情况下，Windows 系统启动后可用资源最好维持在 80% 以上；若启动后未运行任何程序（低于 80%），则说明系统的启动占用资源过多，容易出现蓝屏。

②应用程序存在缺陷

有些应用程序设计上存在缺陷或错误，运行时有可能与 Windows 系统发生冲突或争夺资源，导致 Windows 系统无法为其分配内存地址或保护性错误。另外，一些盗版软件在解密过程中会丢失部分源代码，使软件十分不稳定、不可靠，也常常导致蓝屏。

③不明程序或计算机“病毒”的攻击所致

如果计算机受到计算机“病毒”或“木马”等软件侵害，也会出现蓝屏，所以要安装一些防御程序，如防火墙等。

④版本冲突

有些应用程序需调用特定版本的 DLL，如果在安装软件时，旧版本的 DLL 覆盖了新版本的 DLL，或者在删除应用程序时，误删了有用的 DLL 文件，就可能使上述调用失败，从而导致蓝屏。

⑤注册表中存在错误或损坏

注册表中保存着 Windows 系统环境下的软件和硬件配置，以及应用程序设置和用户资料等重要数据，如果注册表出现错误或被损坏，则很可能出现蓝屏。

⑥软件与硬件不兼容

计算机新技术和新硬件的发展很快。如果安装新硬件后常常出现蓝屏，则可能是由于主板的 BIOS 或驱动程序太旧，以致不能很好地支持新硬件。所以，应尽快升级到相应版本的设备驱动程序。

（3）通过蓝屏错误信息提供的故障代码处理蓝屏问题

蓝屏故障信息会在屏幕的底部显示此蓝屏的故障代码（如 Technical information），代码的格式一般为 0x000000xx，如 0x0000000A、0x000000D1 等。不同的代码代表不同类型的故障，如图 10.2 所示。用户可以以故障代码为关键词在其他搜索引擎中搜索蓝屏故障的相关信息。下面只列举一些常见的故障代码及常用的解决方法。

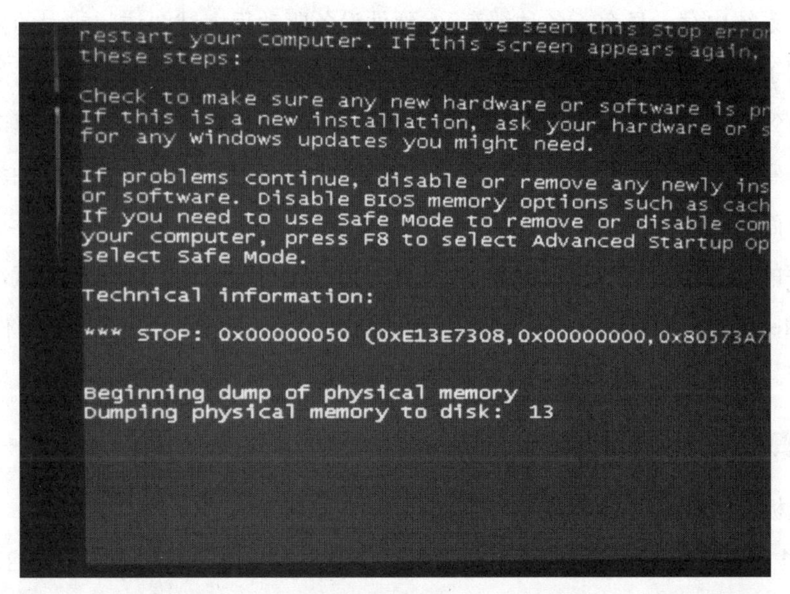


图 10.2

① 0x0000000A 错误表示在内核模式中存在以过高的进程内部中断请求级别（Interrupt Request Level，IRQL）访问其没有权限访问的内存地址。这个错误一般是硬件设备的驱动程序存在漏洞，以及某些软件或硬件与 Windows 系统不兼容引起的。

如果遇到 0x0000000A 错误，建议尝试以“最后一次正确的配置”方式启动 Windows 系统，并检查最近是否安装或升级过任何系统、硬件设备的驱动程序、BIOS、Firmware 及应用软件等。如果安装或升级过，可将最近更新过的应用软件及硬件设备的驱动程序逐一卸载，恢复到之前可以稳定运行的版本，查看问题能否解决。

② 0x0000001A 错误表示内存管理遇到了问题。这个错误一般是由硬件设备的故障引起的。如果遇到 0x0000001A 错误，建议检查最近是否安装过新的硬件设备或驱动程序。如果安装过，可将最近新的硬件设备或驱动程序逐一卸载，查看问题能否解决。

③ 0x0000001E 错误表示 Windows 系统检测到一个非法的或未知的进程指令。这个错误一般是由内存故障引起的；或者与 0x0000000A 错误相似，表示在内核模式中存在以过高的进程内部请求级别（IRQL）访问其没有权限访问的内存地址，简单来说就是因驱动程序或有缺陷的硬件与软件造成的。

如果遇到此错误，建议首先检查软件及硬件兼容性，查看最近有没有安装过新的应用软件、硬件设备或驱动程序。如果安装过，可将新的软件及硬件逐一卸载，看问题能否解决；其次，检查一下蓝屏故障提示中是否提到该问题是由 win32k.sys 文件引起的，如果是，那么很可能是远程控制类软件引起的故障。

④ 0x0000002E 错误表示系统内存的奇偶校验遇到了问题。这个错误一般是内存发生故障（包括系统内存、显存、各种缓存），硬件设备驱动程序试图访问错误的内存地址，计算机遭到了病毒、木马、间谍软件、广告软件、流氓软件等恶意程序的攻击等引起的。

如果遇到 0x0000002E 错误，建议首先执行磁盘扫描程序对所有的磁盘驱动器进行全面检测，查看磁盘驱动器是否存在磁盘错误或文件错误；其次，使用安全防护类软件对计算机进行全面检查，查看计算机是否遭到了病毒、木马、间谍软件、广告软件、流氓软件等恶意程序的攻击；再次，使用内存检测软件对内存进行稳定性及兼容性测试，推荐使用 Windows Memory Diagnostic、MemTest 等检测软件；最后，打开机箱检查硬件设备的连接是否牢固。

### 8. 计算机常见硬件故障实例分析

（1）主板常见故障实例分析

**【实例 1】**计算机使用四五年后，闲置了半年，再次使用时发现无法正常启动。

分析处理：首先查看电源，若开机后电源风扇转动，电源指示灯正常，没有任何警告提示音或提示信息，说明电源工作正常。然后查看主板，若打开机箱发现里边的灰尘很多，可用毛刷等工具彻底清除主板里的灰尘，之后再开机，计算机就可以正常启动了。

**【实例 2】**在使用 U 盘的过程中，计算机突然断电，重新开机后 U 盘不能正常使用，将 U 盘拔下再重新插到计算机上时，系统提示“无法识别的 USB 设备”。

分析处理：首先将 U 盘拔下插到别的计算机上，若能正常使用，说明 U 盘没有损坏。然后将另一 U 盘插到刚才那台计算机的 USB 接口中，若能正常使用，说明主板的 USB 接口也没有损坏。判断是因为断电导致系统设置出错。可由“控制面板”→“添加和删除硬件”，删除所有的 USB 设备，再重新安装 USB 设备的驱动程序，重新启动计算机后故障可消除。

**【实例 3】**将一块大容量硬盘安装到一台旧计算机上后，系统不能识别，检查硬盘的数据连线、电源插头，以及跳线都没问题。

分析处理：对于一些早期的主板而言，不支持大硬盘是正常的，由于早期的主板在开发时还没有当前这么大容量的硬盘，因此其 BIOS 往往无法识别这类大硬盘。即使是一些比较新的主板，有时也会出现不支持大硬盘的现象，而产生这类故障的原因主要是 BIOS 版本太低。对于这样的问题，一般可以用两种方法来解决：一是升级主板的 BIOS；二是利用特殊的硬盘管理软件使主板能够识别大硬盘。建议使用升级主板的 BIOS 的方法。

**【实例 4】**忘记开机密码而无法进行操作。

分析处理：打开机箱，进行以下操作。

①跳线清除法。有些主板上有一个跳线专门用来清除 CMOS 设置的内容。只要将其短接，该 CMOS 中的密码就会清除。但各款主板的操作不一样，所以具体操作可参照说明书。

②直接短路法。如果主板上没有专门用来清除 CMOS 设置的跳线，可以采用直接短路法，即将计算机关机，取下主板上的纽扣电池 2 ～ 3 分钟后再安装上。因为 CMOS 的内容在关机时是通过纽扣电池来保存信息的，所以只要在关机时把电池取出，过一段时间 CMOS 中的内容就会被清空了。

（2）CPU 常见故障实例分析

**【实例 1】**计算机使用 1 年后发现，其刚开始的运行速度正常，但过了一段时间后，计算机就变慢，而且感觉越来越慢，但不死机。

分析处理：本着“先软后硬”的原则，先用杀毒软件进行杀毒处理。若故障依旧，再给系统“减肥”—— 清理垃圾文件。若问题还是没有解决，则打开机箱，让计算机运行一段时间。如果发现 CPU 温度很高，用手按着 CPU 风扇的不干胶标识时，感觉风扇风力不足，可在风扇传动轴上滴几滴润滑油，然后重新启动计算机。若此时用手按着 CPU 风扇的不干胶标识，感觉风扇风力足，那么运行一段时间后，故障即可排除。

在前文 BIOS 设置中提到有一个设置 CPU 温度的警戒值选项，它的作用是当 CPU 温度超过指定范围时，通过使用 CPU 的正常工作周期空载运行来降低 CPU 温度。一般默认运行速度为 50%，即在温度超过指定范围时，以原来 50% 的速度运行。因此 CPU 风扇散热不好会导致 CPU 温度超过警戒值，速度变慢。

【实例 2】在给计算机的 CPU 进行超频后，重新启动时却出现了黑屏。由于计算机主板是软跳线主板，只能在开机后进入 CMOS 更改 CPU 设置，而黑屏又无法完成这个操作。

分析处理：黑屏的原因是 CPU 进行超频引起的，只有恢复 CPU 的原来频率，黑屏现象才能消失。可在按下机箱上的开机键开启计算机的同时，按住键盘上的 Insert 键，大多数主板都将这个键设置为让 CPU 以最低频率启动并进入 CMOS 设置。如果仍无法完成，再按 Home 键代替 Insert 键，成功进入 CMOS 后可以重新设置 CPU 的频率。如果上述方法依然无法实现，可以按照主板说明书的提示，打开机箱找到主板上控制 CMOS 芯片供电的 3 针跳线，将跳线改为清除状态或取出主板上纽扣电池 2 ～ 3 分钟后再装入，清除 CMOS 参数同样可以达到让 CPU 以最低频率启动的目的。启动计算机后可以进入 CMOS，重新设置 CPU、硬盘参数即可。

【实例 3】计算机在升级 CPU 后，每次开机时噪声都特别大，但使用一会儿后，声音恢复正常。

分析处理：首先检查 CPU 风扇是否固定好，有些劣质机箱的做工和结构不好，容易在开机工作时造成共振，增大噪声。另外，可以尝试给 CPU 风扇、机箱风扇的电机加点机油。如果是因为机箱的箱体单薄造成的，最好更换机箱。

【实例 4】某台计算机平时使用一直正常，近段时间出现频繁蓝屏和死机。

分析处理：首先估计是显卡出现故障，若用替换法检查后，发现显卡无问题，再推测是否显示器故障。若检查后，显示器也正常，再拔下 CPU，仔细观察发现其有无烧毁痕迹。若发现 CPU 的针脚发黑、发绿并且有氧化的痕迹和锈迹（CPU 的针脚为铜材料制造，外层镀金），应对 CPU 针脚做清洁工作。

CPU 针脚被氧化的主要原因是 CPU 发热量大，久而久之使针脚氧化，造成与主板接触不良的现象。情况不太严重时 CPU 仍能正常工作，但连续长时间高温工作后，发热量越来越大，发生上述故障的概率也逐步增大。

（3）内存常见故障

【实例 1】计算机开机时要检测 3 遍内存，检测时间过长。

分析处理：随着计算机基本配置的内存容量的增加，开机时内存自检时间越来越长，即使使用快速检测，将 3 遍检测改成 1 遍检测，耗时也不短，因此需要按 Esc 键直接跳过检测。方法是开机时，按 Delete 键进入 BIOS，将“Quick Power On Self Test”设置为“Enabled”，则开机自检内存时，可按 Esc 键跳过自检。

【实例 2】一台使用 1 GB 内存的计算机开机突然黑屏，并且有长音报警声。

分析处理：由主板发出的长音报警声可判断是内存或内存插槽存在问题，可先把内存拔下换个插槽；若故障依旧，则内存插槽正常。然后可换另一条内存插上，若故障消失，则由此断定是内存条有问题。若检查内存发现没有物理损坏，可仔细观察内存；若金手指部分有污垢，可用橡皮擦在金手指部分擦拭几次，重新把内存插入插槽，系统即可恢复正常。

（4）显卡、显示器故障

**【实例 1】**启动计算机时，显示器出现黑屏现象，且机箱喇叭发出 1 长 2 短的报警声。

分析处理：一般来说是显卡引发的故障，所以首先要确定是否由于显卡接触不良引发的故障，方法是关闭电源，打开机箱，将显卡拔出来，然后用毛笔刷将显卡、板卡上的灰尘清理掉，特别要注意将显卡风扇及散热片上的灰尘清理掉，然后用橡皮擦来回擦拭板卡的金手指，将显卡重新安装好。

**【实例 2】**显示器出现花屏。

分析处理：显示器花屏是一种比较常见的显示故障，大部分显示器花屏故障都是由显卡本身引起的。如果开机显示器就花屏，首先应检查显卡是否存在散热问题，如用手触摸显存芯片的温度，查看显卡的风扇是否停转等；如果散热有问题，可以采用换个风扇或在显存上加装散热片的方法解决。接着检查主板上的显卡插槽里是否有灰尘，查看显卡的金手指是否被氧化，然后可根据具体情况进行处理。

# 项目11

# 服务器维护

## 项目简介

服务器管理和维护现已成为政府、企事业单位信息化建设中的重要组成部分。本项目将重点介绍 Web 服务器配置、FTP 服务器配置，以及第三方 FTP 工具 Serv-U 的搭建和数据恢复。

## 知识目标

1. 掌握 Web 服务器搭建方法。
2. 掌握 FTP 服务器配置方法。
3. 掌握第三方 FTP 工具 Serv-U 的搭建方法。
4. 掌握常见数据恢复的方法。

## 能力目标

1. 能够掌握网站服务器硬件设计方法。
2. 能够掌握网站服务器服务组件的选择。
3. 能够掌握 Web 服务器的构建。
4. 能够使用软件工具恢复数据。

# 任务 1 建立 FTP 站点

## 1.1 任务导入

小李同学完成了计算机系统安装后，计划搭建一台简易服务器，便于测试个人站点和文件传输。那么，Windows 操作系统互联网信息服务（Internet Information Services，IIS）的文件传输协议（File Transfer Protocal，FTP）组件安装和第三方工具 Serv-U 的搭建等方法，哪个更简洁方便呢？

## 1.2 任务提要

在任务实施前，要确认 Windows 操作系统是否安装了 IIS 的 FTP 组件，如果没有安装，则第一步需安装 IIS，第二步搭建 FTP 服务器，第三步对 FTP 进行配置。

## 1.3 任务实施

### 1. 安装 IIS

在 Windows 7 操作系统下安装 IIS，需打开“控制面板”→“程序”→“程序和功能”下方的“打开或关闭 Windows 功能”，弹出“Windows 功能”对话框，在“Internet 信息服务”（Windows 10 系统中的是“Internet Information Services”）下，勾选“Web 管理工具”下的“IIS 6 管理兼容性”“IIS 管理服务”“IIS 管理脚本和工具”“IIS 管理控制台”，然后再勾选“FTP 服务器”，添加 FTP 服务，如图 11.1 所示。

图 11.1 添加 FTP 服务

一段时间后，Windows 10 系统将自动安装 IIS。安装完成后，可以在“控制面板”的管理工具中查看 IIS 是否安装成功，如图 11.2 所示，IIS 安装完成。此时，选择界面右侧“操作”下的“添加 FTP 站点…”选项。

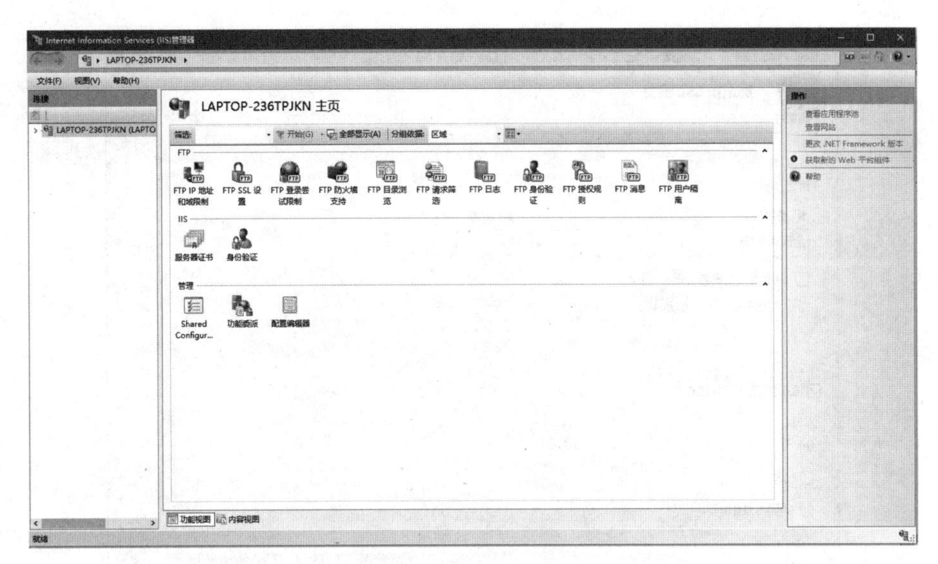


图 11.2 IIS 安装完成

## 2. 添加 FTP 站点

弹出“添加 FTP 站点”对话框，在“FTP 站点名称”文框中输入站点名称，单击“物理路径”右边的“…”按钮，选择 FTP 站点的主目录，如图 11.3 所示。

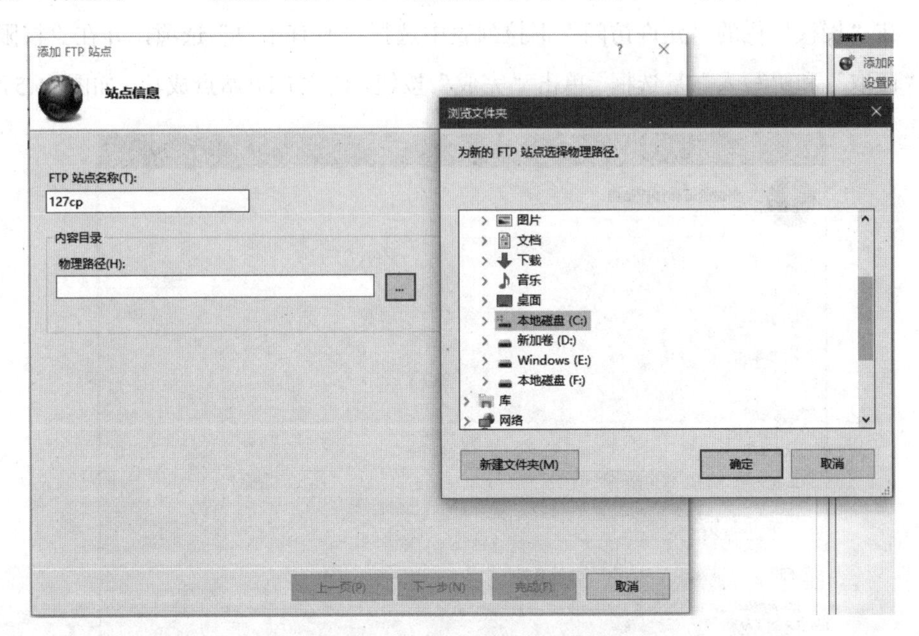


图 11.3 “站点信息”设置

单击“下一步”按钮，出现“绑定和 SSL 设置”向导页，在“IP 地址”下拉列表中选择静态 IP 地址（本例中为“192.168.0.10”），在“端口”文本框中输入“21”，在“SSL”栏选中“无”，单击“下一步”按钮，如图 11.4 所示。

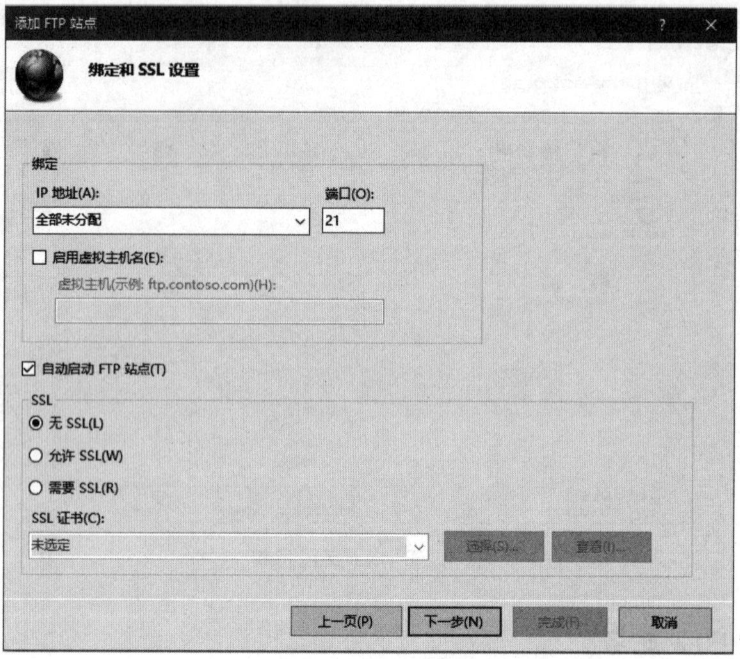

图 11.4 “绑定和 SSL 设置”

进入“身份验证和授权信息”向导页，在“身份验证”栏选中“匿名”和“基本”复选框，在“授权”栏的“允许访问”下拉列表中选择“所有用户”选项，并在“权限”栏选中“读取”和“写入”复选框。单击“完成”按钮，建立 FTP 站点成功，如图 11.5 所示。

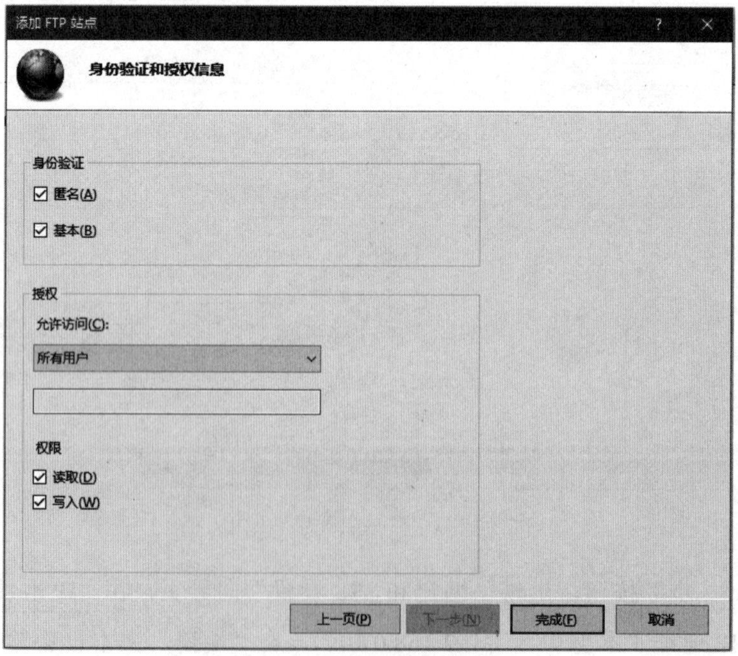

图 11.5 “身份验证和授权信息”设置

### 3. 设置 FTP 站点属性

（1）设置网站权限

单击已创建的站点名（本例中为“127cq”），在右侧的“操作”栏选择“编辑权限”选项，弹出“127cq 属性”对话框。事实上，这个对话框是 Windows 对文件夹及文件的管理，因此该操作可以参照 Windows 文件夹的设置进行，如图 11.6 所示。

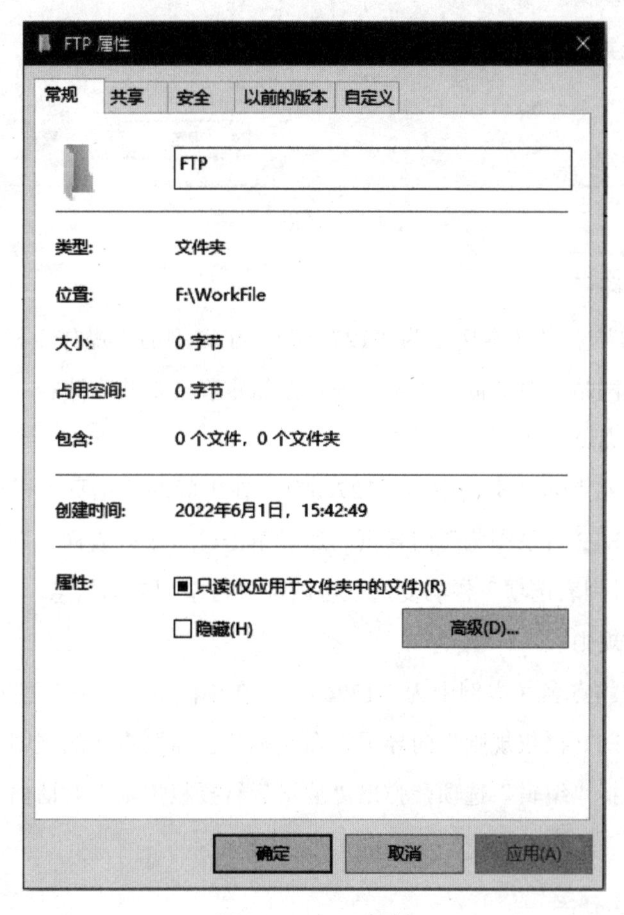


图 11.6　FTP 属性

（2）设置 IP 端口绑定

单击已创建的站点名（本例中为“127cq”），在右侧的“操作”栏选择“绑定”选项，弹出“网站绑定”对话框，选中已经绑定的项目后可以进行修改，单击“添加”按钮可以添加新的 IP 和端口，如图 11.7 所示。

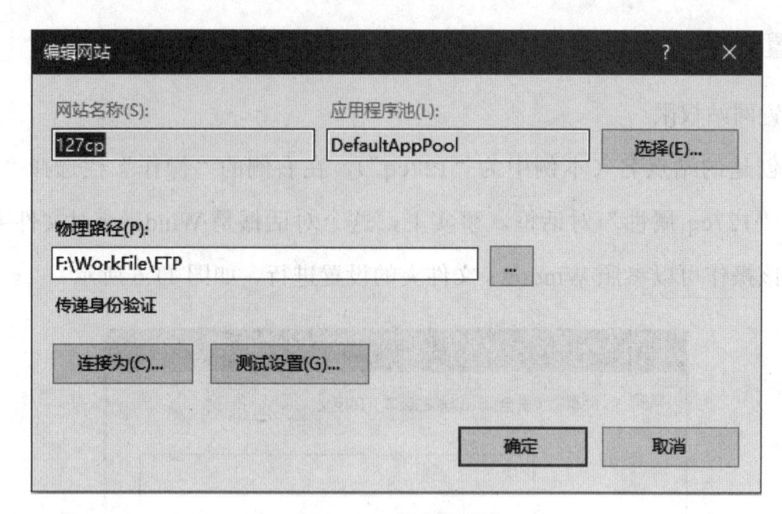


图 11.7　编辑网站

（3）设置物理路径

单击已创建的站点名（本例中为“127cq”），在右侧的“操作”栏选择“基本设置”选项，弹出“编辑网站”对话框，单击“…”按钮重新选择物理路径。

（4）设置目录浏览样式

单击已创建的站点名（本例中为“127cq”），在中间的“主页”栏选择“FTP 目录浏览”选项，进入“FTP 目录浏览”向导页，通过单击“目录列表样式”栏内的单选按钮可以设置样式，“目录列表选项”栏的复选框可以设置目录列表的信息。

（5）设置授权规则

单击已创建的站点名（本例中为“127cq”），在中间的“主页”栏选择“FTP 授权规则”选项，进入“FTP 授权规则”向导页，在左侧单击需要更改的规则。在右侧操作栏出现了操作选项，选择“编辑”选项，弹出“编辑运行授权规则”对话框，可以对该规则进行相应设置。

### 4. 发布 FTP 站点

完成 FTP 站点的设置之后，即相当于将其发布到了局域网中，在网内的任何一台计算机都可以登录到服务器，并根据服务器提供的权限共享服务器资源。例如，打开 IE 浏览器，在浏览器中输入“ftp://192.168.0.10”，按 Enter 键进入服务器界面。右击列表项中的文件，从弹出的快捷菜单中选择“复制”选项，可将服务器文件粘贴到本地计算机上。在局域网内可达到非常快的速度，如图 11.8 所示。

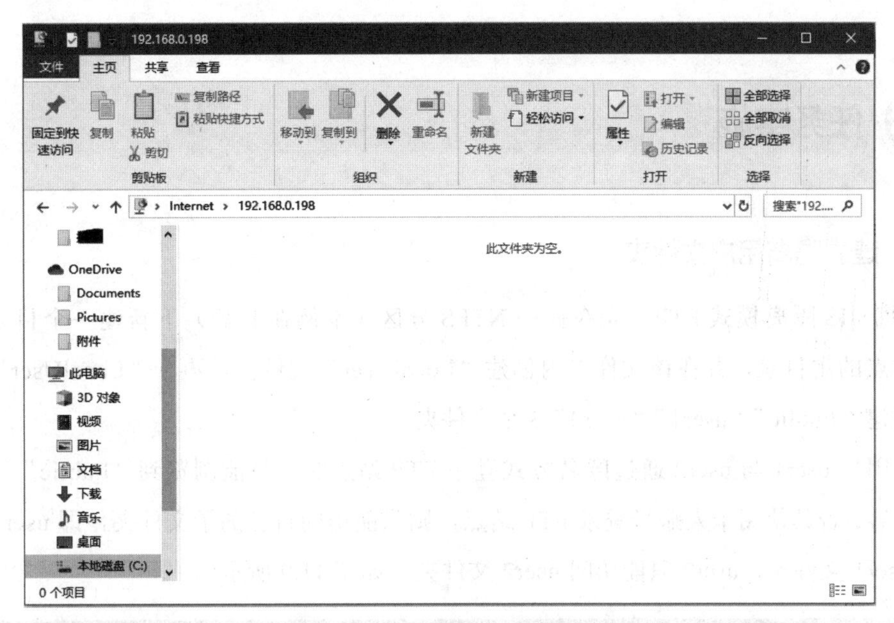


图 11.8　共享服务器资源

# 任务 2　IIS 隔离模式 FTP 搭建

## 2.1 任务导入

小李同学发现，尽管 FTP 服务器为网络用户传送文件带来了很多方便，但是如果没有一定的权限设置来限制用户的文件传送活动，将会给管理工作埋下很多隐患，如文件被肆意删除、更改等。他想，如果能把每个用户限制在属于自己的 FTP 站点特定目录中，使其仅仅在该目录中拥有写入权限，就能很好地解决这个问题。那么，该怎么实现呢？

## 2.2 任务提要

FTP 站点必须是“隔离用户”模式（以此模式安装，系统将自动区分用户性质）；必须在 NTFS 上建立 FTP 主目录（涉及用户权限问题）；FTP 主目录下必须建立一个“LocalUser”文件夹（这个与一般的 FTP 目录结构略有不同）；在“LocalUser”文件夹下创建的用户主目录必须与用户名一致，“Public”除外。

## 2.3 任务实施

### 1. 建立隔离用户文件夹

建立 IIS 隔离模式 FTP，先在任一 NTFS 分区（本例在 E 盘）下新建一个目录作为 FTP 站点的主目录，并在该文件夹内创建“LocalUser”文件夹，再于“LocalUser”文件夹内创建“Public”“user1”“user2” 3 个文件夹。

当用户 user1 与 user2 通过匿名方式登录 FTP 站点时，只能浏览到“Public”子目录中的内容；若其使用个人账号登录 FTP 站点，则只能访问自己的子文件夹，即 user1 只能访问 user1 文件夹，user2 只能访问 user2 文件夹，如图 11.9 所示。

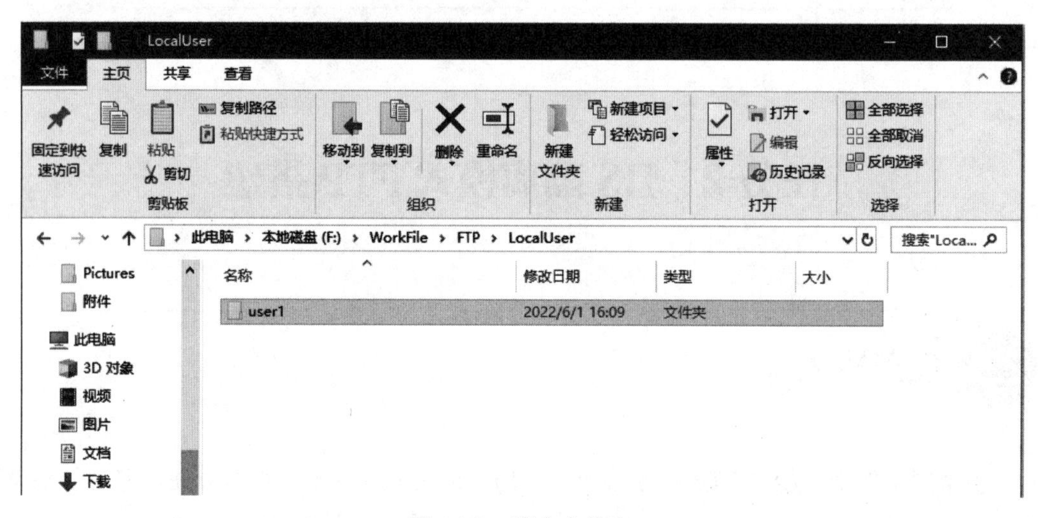


图 11.9　建立文件夹

### 2. 添加 FTP 站点

打开信息服务管理器，点击右侧“添加 FTP 站点”选项，弹出“添加 FTP 站点”对话框，在“FTP 站点名称”文本框中输入站点名称（本例中为隔离 FTP），单击“物理路径”右边的“…”按钮，选择 FTP 站点的主目录，单击“下一步”按钮，如图 11.10 所示。

进入“绑定和 SSL 设置”向导页，在“IP 地址”下拉列表中选择静态 IP 地址（本例为“192.168.0.19”），在“端口”文本框中输入“21”，在“SSL”栏选中“允许”，单击“下一步”按钮，如图 11.11 所示。

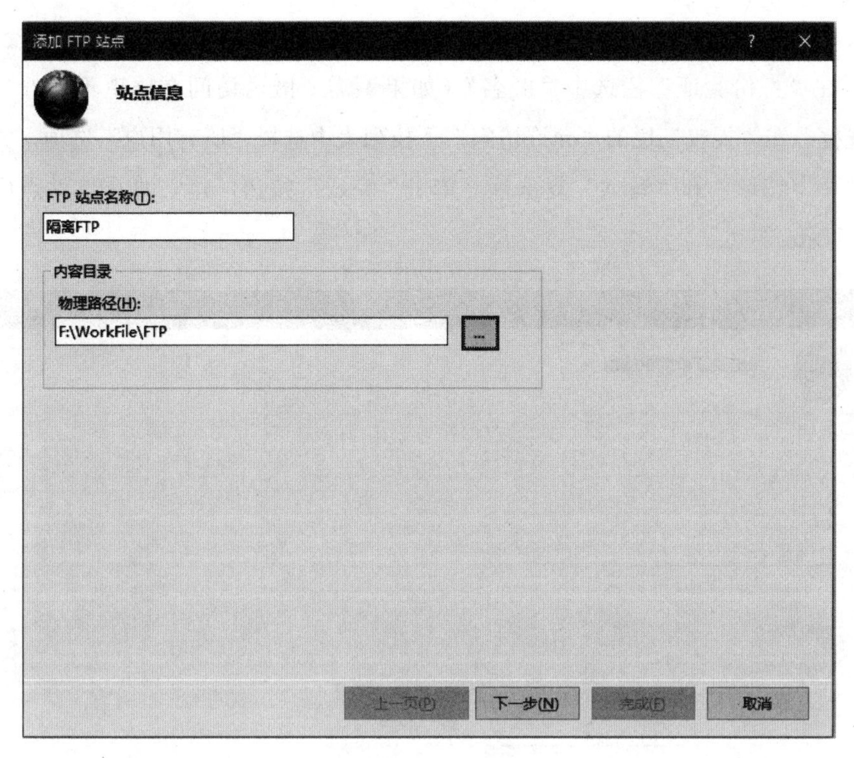


图 11.10 站点信息

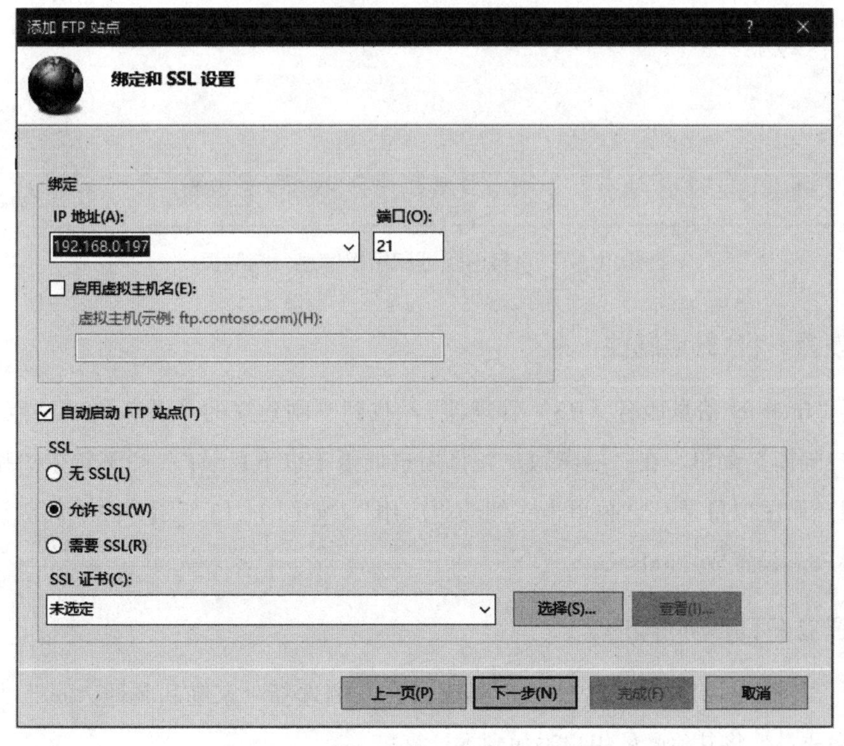


图 11.11 “绑定和 SSL 设置”向导页

进入“添加 FTP 站点”向导页，单击“下一步”按钮，进入“身份验证和授权信息”向导页，在“身份验证”栏选中“匿名”(如果不需要匿名访问在这里不勾选)和“基本”复选框，在“授权”栏的“允许访问”下拉列表中选择“所有用户”选项，并在“权限”栏选中“读取”和“写入”复选框。单击“完成”按钮，建立的FTP站点成功，如图11.12所示。

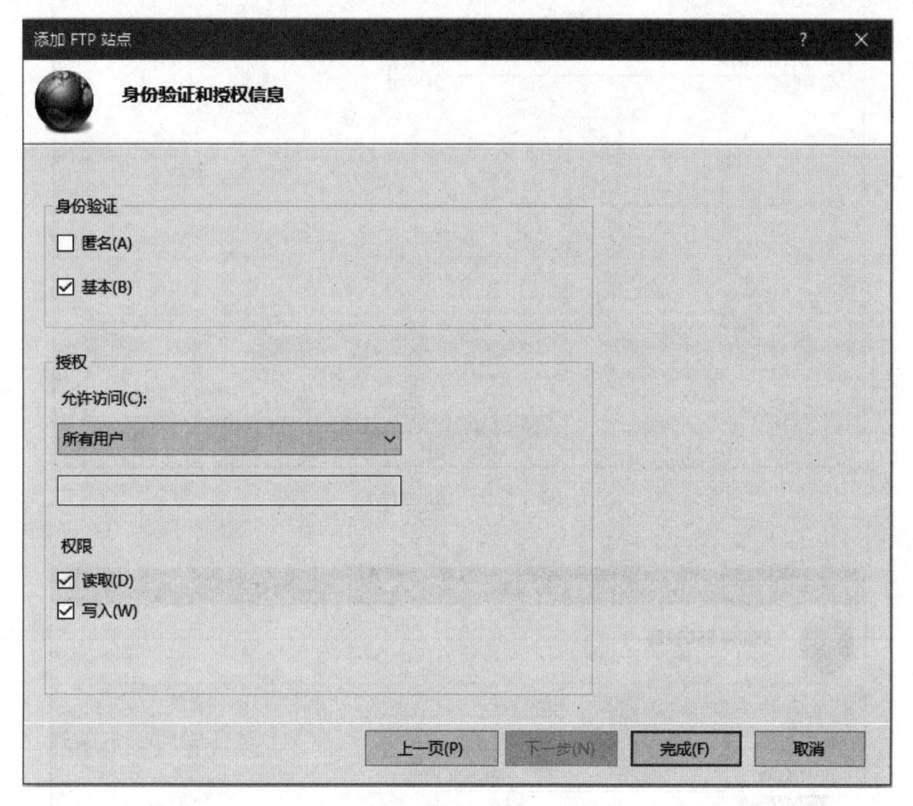


图 11.12　“身份验证和授权信息”向导页

### 3. 设置 FTP 站点属性

打开“Internet 信息服务（IIS）管理器”，找到刚刚建立的“隔离 FTP 站点”，单击“FTP 用户隔离”菜单，在“隔离用户。将用户局限于以下目录：”栏下选中“用户名目录（禁用全局虚拟目录）”，再单击右侧的“应用”，如图 11.13 所示。在“高级设置”把“允许 UTF8”设置成“False”。

### 4. 建立 FTP 访问用户

打开“控制面板”，进入“账户”界面，在左侧选择“家庭和其他人员”点击右侧“添加家庭成员”将其他微软用户添加到本计算机。

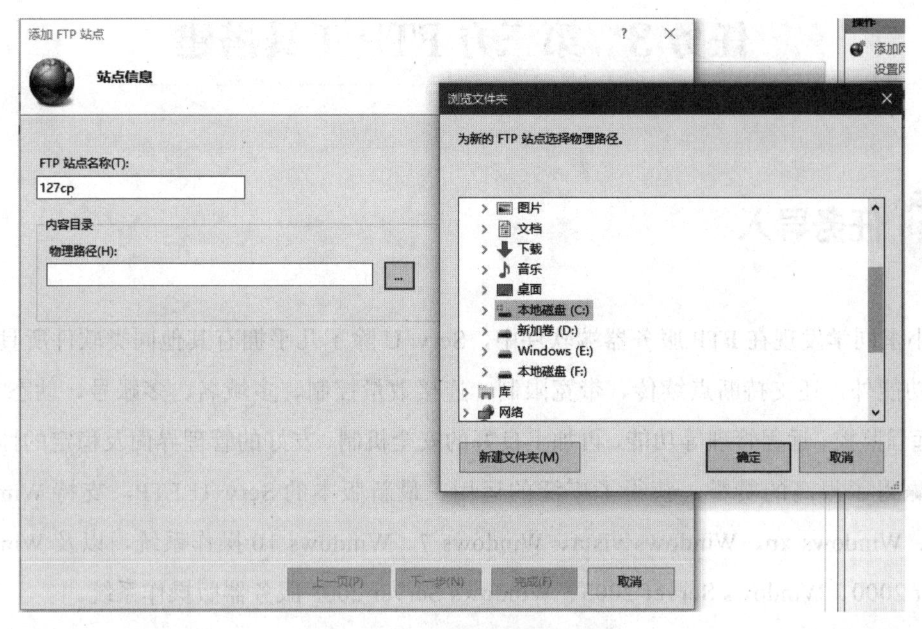


图 11.13　设置 FTP 用户隔离

## 5. 测试 FTP 站点

在浏览器地址栏中输入 ftp://192.168.0.19，弹出“登录”对话框，输入本机已添加的用户名和密码登录，如图 11.14 所示，查看登录是否成功，如图 11.15 所示。

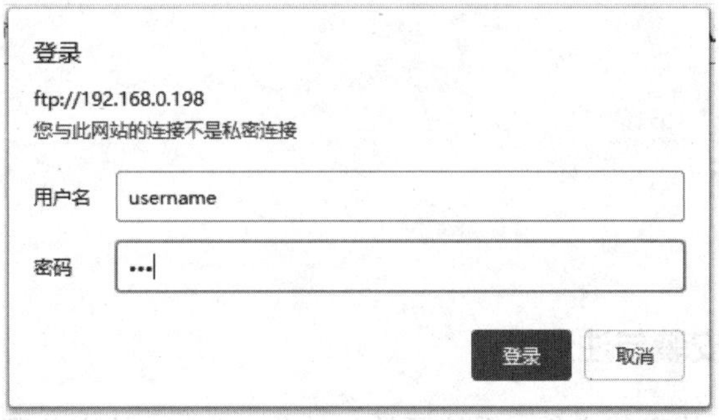

登录
ftp://192.168.0.198
您与此网站的连接不是私密连接
用户名　username
密码　•••
登录　取消

图 11.14　登录 FTP

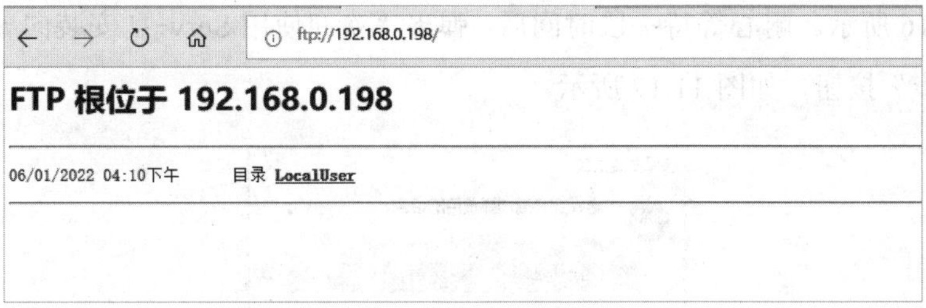

ftp://192.168.0.198/
FTP 根位于 192.168.0.198
06/01/2022 04:10下午　目录 LocalUser

图 11.15　登录成功

# 任务3　第三方FTP工具搭建

## 3.1 任务导入

小李同学发现在FTP服务器端软件中，Serv-U除了几乎拥有其他同类软件所具备的全部功能外，还支持断点续传、带宽限制、连接数量控制、多域名、多账号、动态IP地址、远程监控、远程管理等功能，再加上良好的安全机制、友好的管理界面及稳定的性能，令它赢得了很高的赞誉，获得了广泛的运用。最新版本的Serv-U FTP，支持Windows 2000、Windows xp、Windows vista、Windows 7、Windows 10操作系统，以及Windows Server 2000、Windows Server 2003、Windows Server 2008服务器版操作系统。

## 3.2 任务提要

Serv-U可以在http://www.Serv-U.com/dn.asp上下载其最新的试用版，创建新用户，修改用户访问权限。

## 3.3 任务实施

### 1. Serv-U的安装与注册

（1）双击Serv-U的安装文件，系统开始初始化Serv-U的安装环境。初始化完成后，弹出“选择安装语言”对话框，在下拉列表中选择“中文简体”选项后，单击“确定”按钮，如图11.16所示。耐心等待一段时间后，弹出“欢迎使用Serv-U安装向导”对话框，单击“下一步”按钮，如图11.17所示。

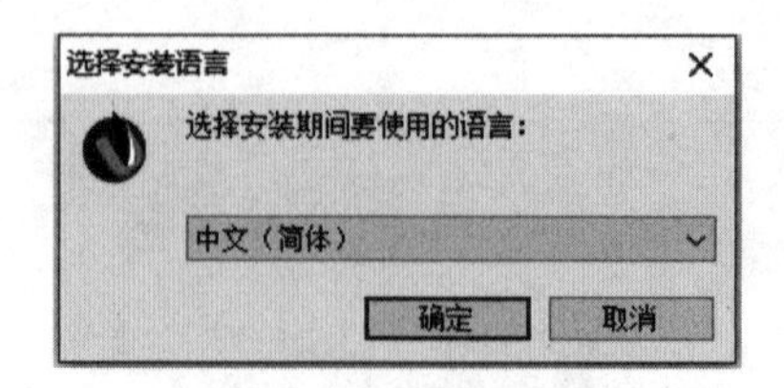


图11.16　选择安装语言

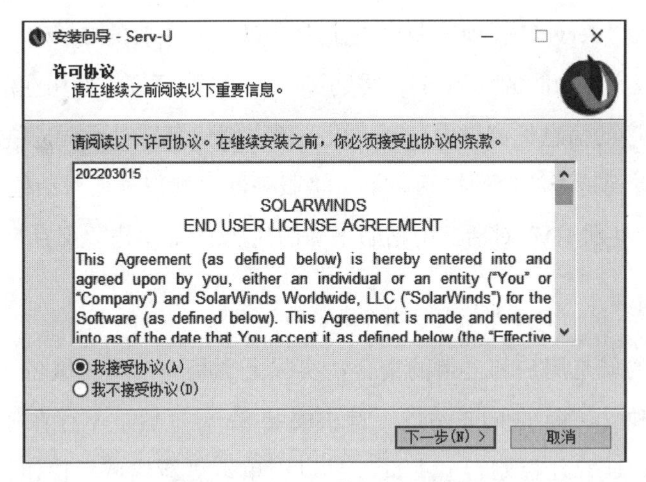


图 11.17　Serv-U 安装向导

（2）打开“许可协议”对话框，选择“我接受协议”单选按钮后，单击“下一步”按钮。在打开的“选择目标位置”对话框中输入或通过“浏览”按钮选择 Serv-U 软件的安装路径（系统会自动分配一个路径，可保持默认，但如果有特殊需求可以更改），然后单击“下一步”按钮。根据安装向导的提示并均选择默认选项，直至弹出“完成 Serv-U 安装”对话框，再单击“完成”按钮。第一次运行 Serv-U 软件系统会提示是否要定义新域，这里单击“否”按钮，如图 11.18 所示。

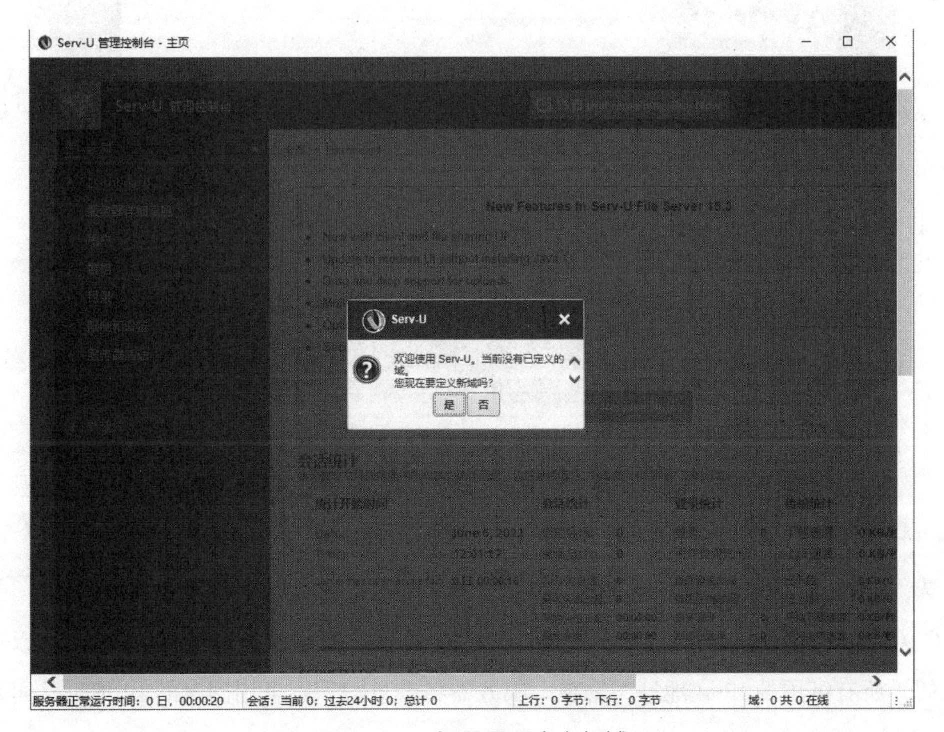


图 11.18　提示是否定义新域

（3）系统进入“Serv-U 管理控制台主页”窗口。未注册的 Serv-U 只能试用 30 天，为了继续使用具有完整功能的 Serv-U，需购买 Serv-U 许可证后使用注册码进行注册。在“查看有关安装程序的信息”窗口中打开“服务器详细信息”对话框，单击“许可证信息”选项卡，在此可看到是否注册的提示。单击“服务器详细信息”对话框左下角的“注册”按钮，在打开的“注册 ID”对话框中粘贴正确的注册 ID，单击“保存”按钮。

## 2. 创建域用户

（1）Serv-U 的域是用户和群组的集合，实际上也是一个可用域名（在域名系统中建立了主机记录）独立访问的 FTP 站点。首次安装 Serv-U 后，不存在任何域。其创建步骤如下：在“Serv-U 管理控制台 - 主页”窗口中单击“新建域”按钮，弹出“域向导 - 步骤 1 总步骤 4”对话框，在“名称”编辑框内输入域名，单击“下一步”按钮，如图 11.19 所示。

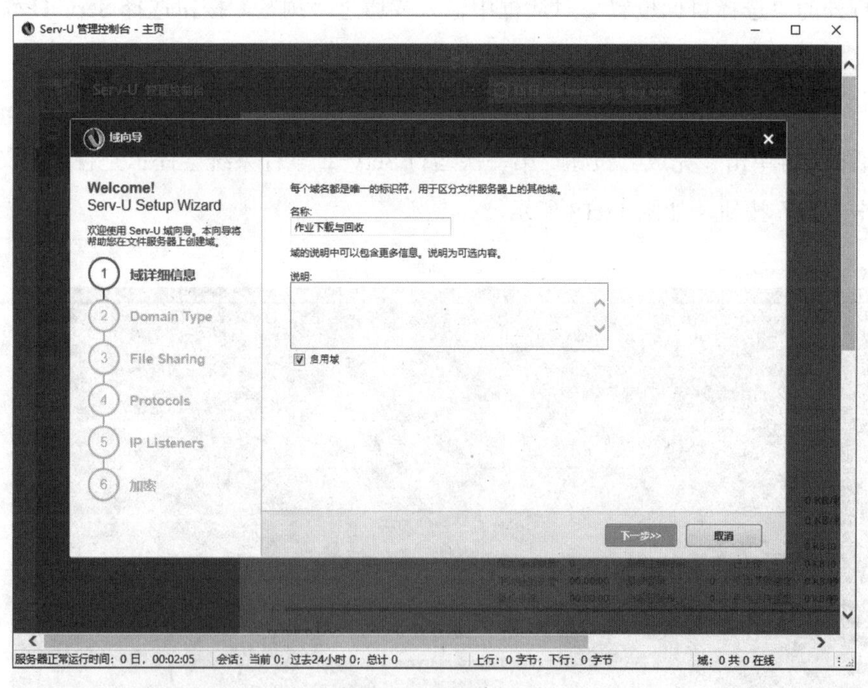


图 11.19 设置名称

（2）在“域向导 - 步骤 2 总步骤 4”对话框中，因为本任务中只需要 FTP 功能，所以仅勾选“FTP 和 Explicit SSL/TLS”项，单击“下一步”按钮，如图 11.20 所示。

（3）在“域向导 - 步骤 3 总步骤 4”对话框中输入服务器使用的 IP 地址，可以保留默认的“所有可用的 IPv4 地址”选项，服务器将会自动识别可用网卡的 IP 地址，再单击“下一步”按钮，如图 11.21 所示。

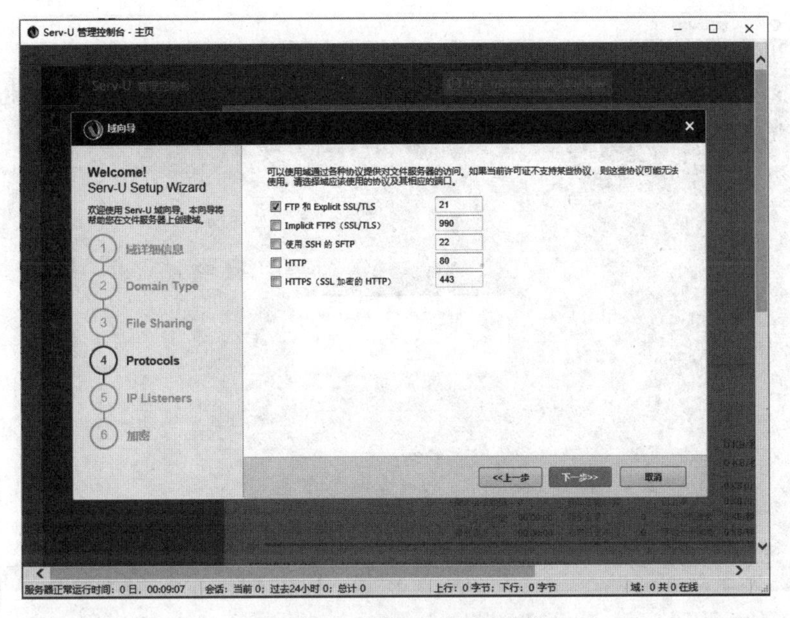


图 11.20　选择 FTP 使用协议

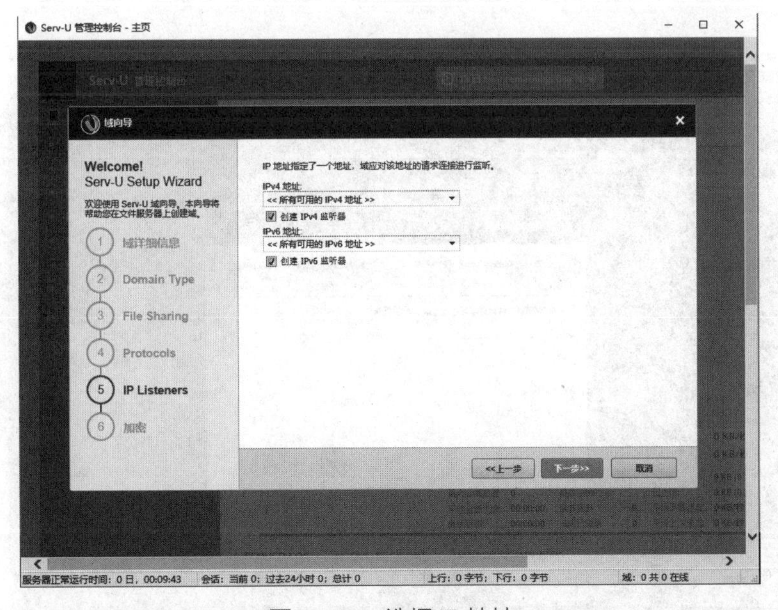


图 11.21　选择 IP 地址

（4）在“域向导 - 步骤 4 总步骤 4”对话框中，选择密码加密模式，保证密码在网络中传输的安全，再单击“完成”按钮，完成域的创建。弹出是否创建用户的提示，单击“是”按钮。系统会提示“域中暂无用户，您现在要为该域创建用户账户吗”，单击“是”按钮，创建首个用户账户，如图 11.22 所示。首个账户一般为匿名账户“Anonymous”，密码为空，用户输入域名或服务 IP 地址而无须账户密码就可以登录。因此，登录 ID 填写“Anonymous”，删除默认密码使密码为空，单击“下一步”按钮，如图 11.23 所示。

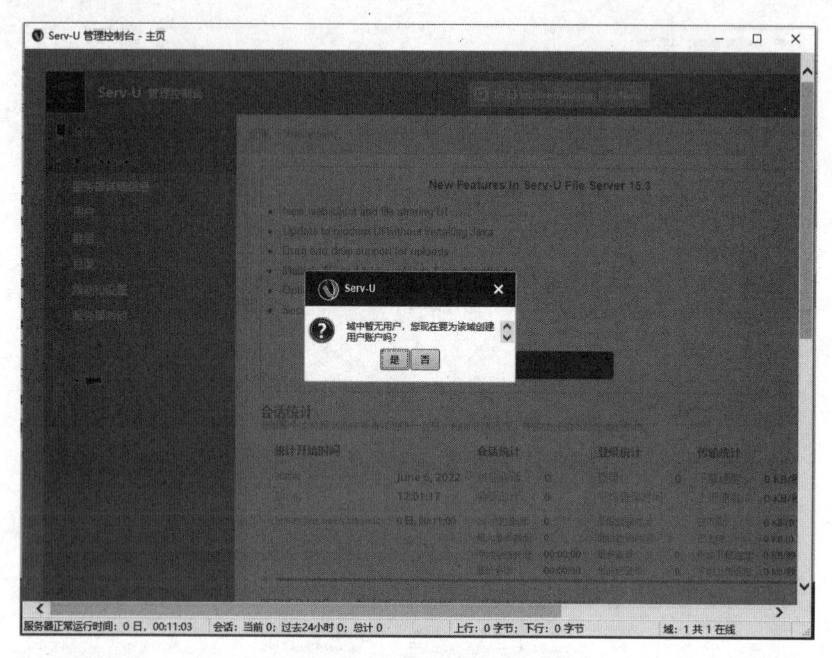


图 11.22　提示创建用户账户

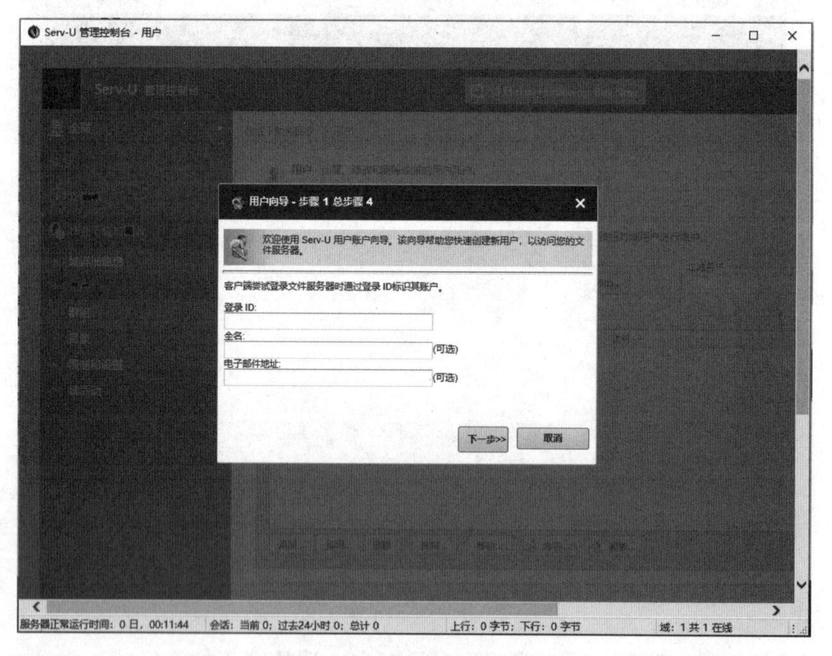


图 11.23　新建 FTP 用户

（5）弹出“用户向导 - 步骤 3 总步骤 4”对话框，在文本框中输入或单击右边的浏览按钮为用户指定根目录（即用户登录到服务器后所处的位置）。注意，要勾选“锁定用户至根目录”选项，这样可以使用户的活动范围被限制在该文件夹及子文件夹中，而不能访问其他文件夹。然后单击“下一步”按钮，如图 11.24 所示。

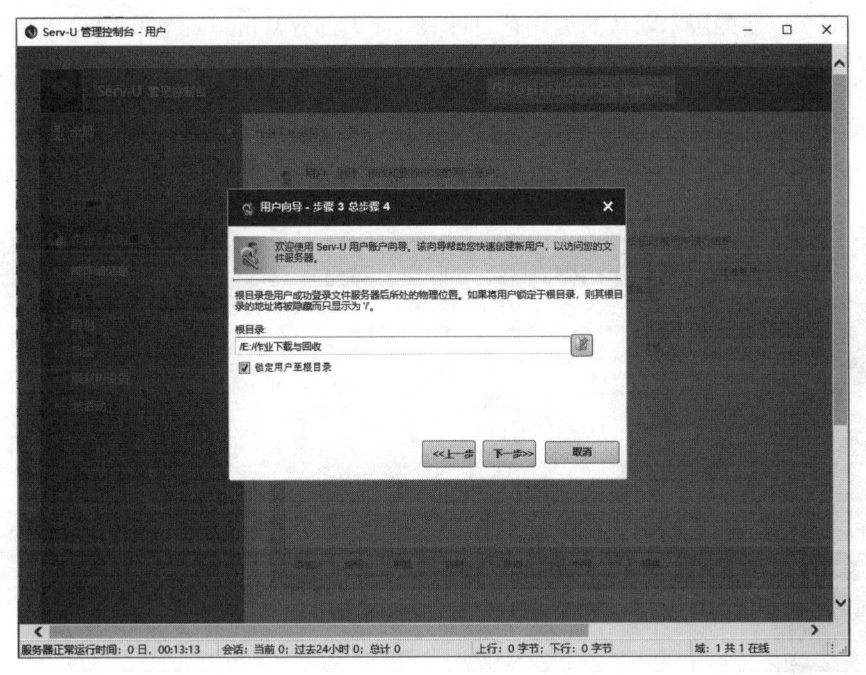


图 11.24　设置根目录

（6）弹出“用户向导 - 步骤 4 总步骤 4”对话框，根据需要选择用户的访问权限。若该用户只是为了下载服务器中的资源，选择“只读访问”；若该用户需要上传文件，则选择“完全访问”。然后单击“完成”按钮，完成域用户的创建，如图 11.25 所示。

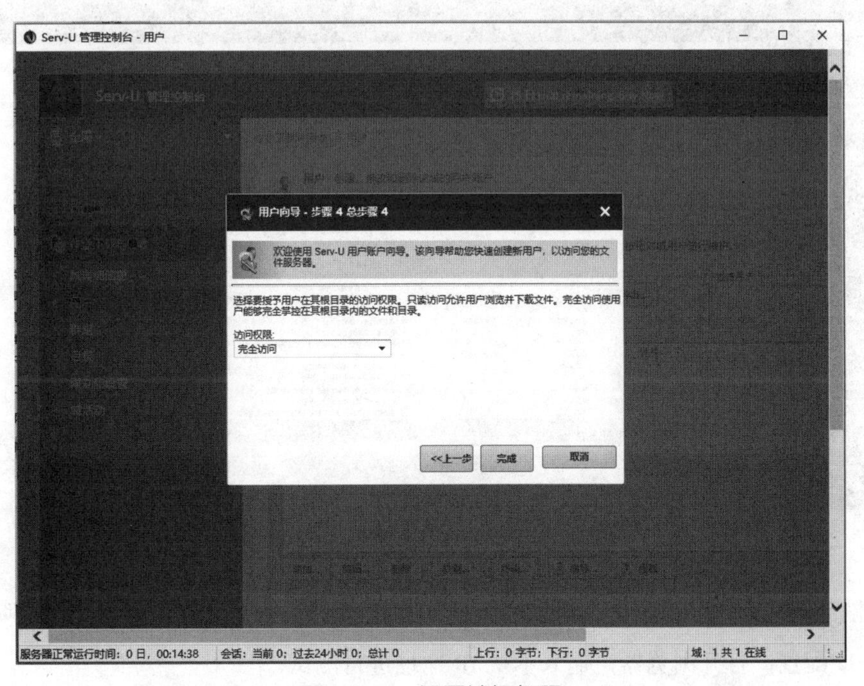


图 11.25　设置访问权限

Serv-U 7 以后的版本默认的编码是 UTF-8，而大部分 Windows 客户端对其并不支持，会出现乱码问题。因此，需要在“Serv-U 管理控制台 - 主页”里为 FTP 域配置高级 FTP 命令设置和行为。单击“限制和设置”下的“为域配置高级 FTP 命令设置和行为”选项，如图 11.26 所示。找到“用于 UTF8 的选项”，执行禁用命令并保存，如图 11.27 所示。

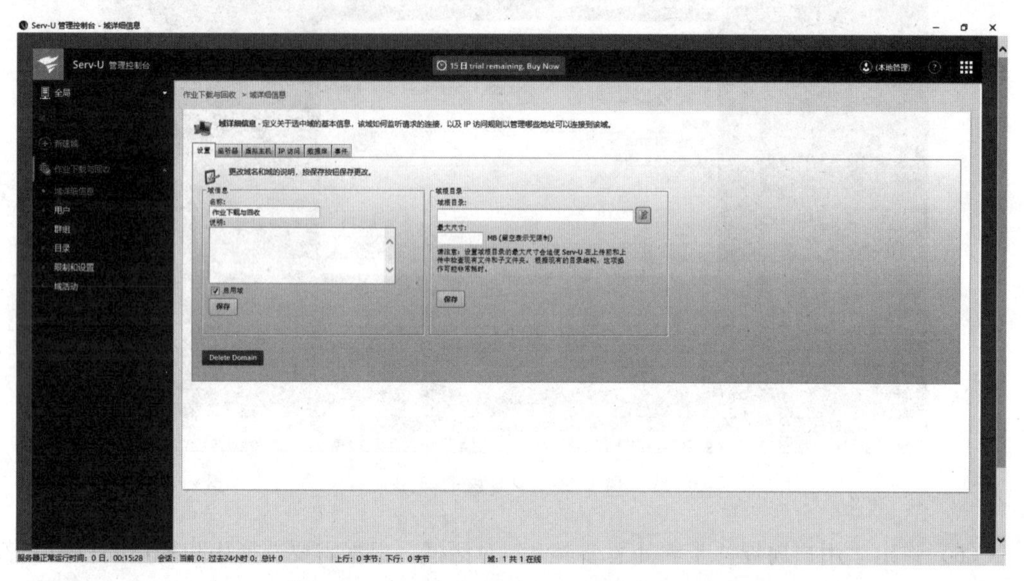


图 11.26　配置高级 FTP 命令设置和行为

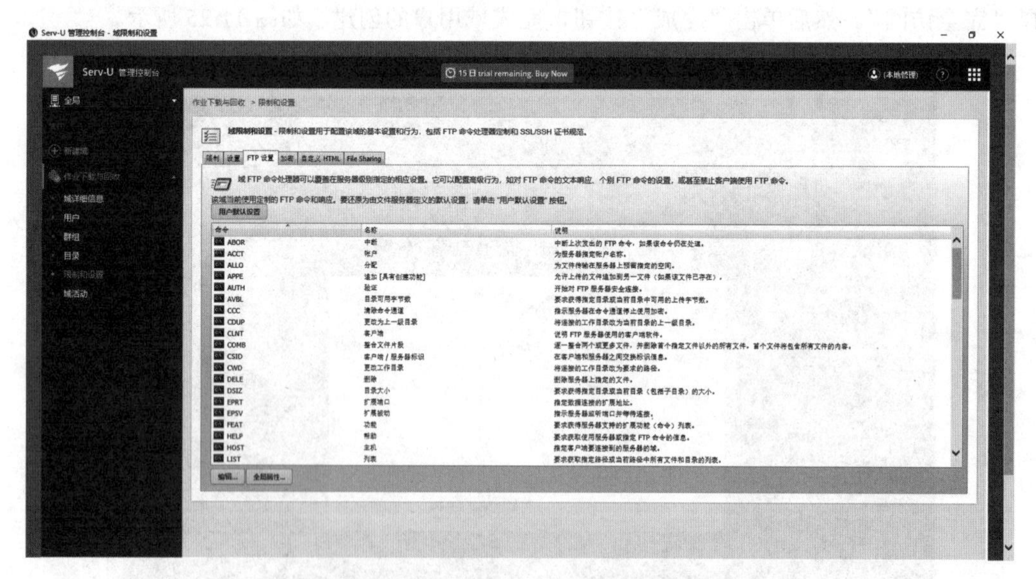


图 11.27　“用于 UTF8 的选项”设置禁用命令

单击“全局属性”按钮，取消“高级选项”里所有勾选并保存，如图 11.28 所示。完成 Serv-U 配置，打开浏览器，输入本机 IP 地址进行测试。

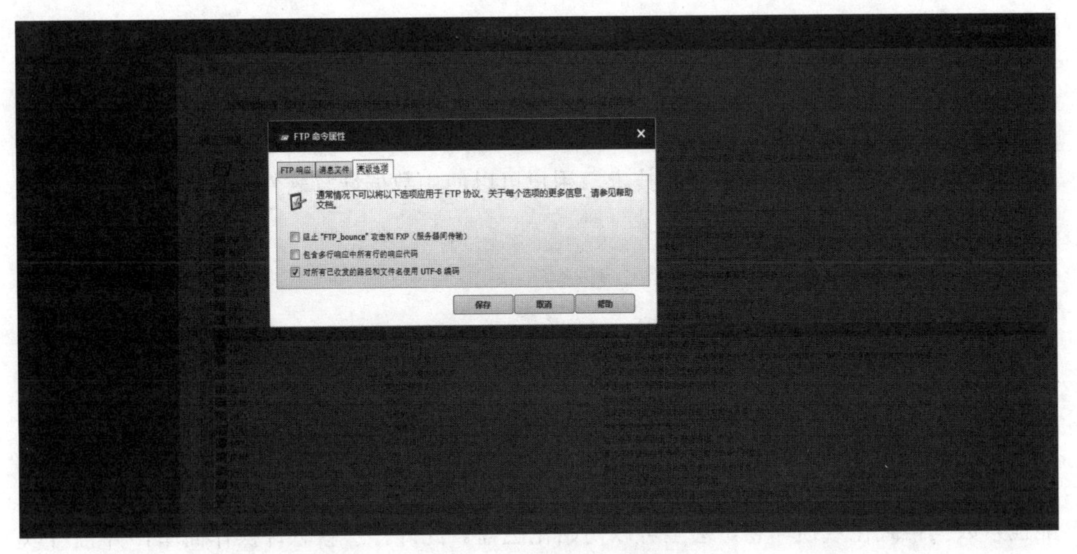


图 11.28　高级选项设置

注意：要修改用户权限，可回到“Serv-U 管理控制台 - 主页”，打开“用户”下的“创建、修改和删除用户账户”，找到并单击“Anonymous”用户，再单击“编辑”按钮，对“%HOME%”和“作业下载与回收”访问权限进行编辑并保存。

# 任务 4　数据恢复

## 4.1 任务导入

小李同学有时会遇到存储介质出现损伤或由于误操作和操作系统本身故障所造成的数据看不见、无法读取、丢失等数据问题。他知道可以通过技术手段，对丢失的数据进行抢救和恢复。那么，如何对丢失的数据进行抢救和恢复呢？

## 4.2 任务提要

日常生活中，很多人并不知道删除、格式化等硬盘操作后丢失的数据可以恢复，以为删除、格式化以后数据就不存在了。事实上，在上述操作后数据仍然存在于硬盘中。如果用户了解数据在硬盘、U 盘等介质上的存储原理以及数据恢复方法，只需几步操作便可将丢失的数据找回来。所谓数据恢复（Data Recovery），是指通过技术手段，将保存在台式机硬盘、笔记本硬盘、服务器硬盘、存储磁带库、移动硬盘、U 盘、数码存储卡等设备上丢失的电子数据进行抢救和恢复的技术。用户可以使用数据恢复软件修复数据。

## 4.3 任务实施

EasyRecovery 12 Home（易恢复个人版）是一款简单易用的数据恢复软件，支持恢复各种文档、音乐、照片、视频等数据和在 Windows 系统中恢复受损和删除的文件，以及能检索数据格式化或损坏卷，甚至可以初始化磁盘。此外，这款软件操作简单，并且可以对硬盘、光盘、U 盘、移动硬盘、数码相机、手机、Raid 文件等进行数据恢复。

### 1. EasyRecovery 的安装与注册

（1）利用搜索引擎下载 EasyRecovery。下载完成后，打开文件夹找到下载的压缩文件，解压后双击安装文件“EasyRecovery_Home_12.0.0.2.exe”，如图 11.29 所示。

图 11.29　EasyRecovery 安装文件

（2）进入 EasyRecovery 安装向导。建议在开始安装前先关闭其他所有应用程序，这使得“安装程序”更新指定的系统文件，而不需要重新启动计算机。单击“下一步”按钮，如图 11.30 所示。

图 11.30　EasyRecovery 安装向导

（3）接受 EasyRecovery 的许可协议。勾选“我接受许可协议”，单击“下一步”按钮继续安装，如图 11.31 所示。

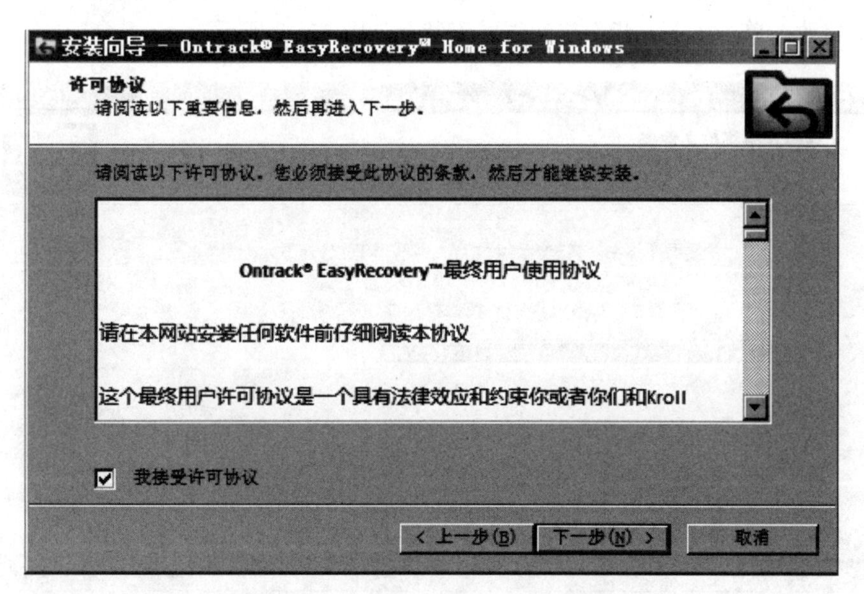


图 11.31　EasyRecovery 的授权协议

（4）确定 EasyRecovery 的安装路径。安装程序有默认的安装路径。若需要修改安装路径，可以单击“浏览”按钮，选择需要安装的文件夹后，单击“确定”按钮就可以了。之后单击“下一步”按钮继续安装，如图 11.32 所示。

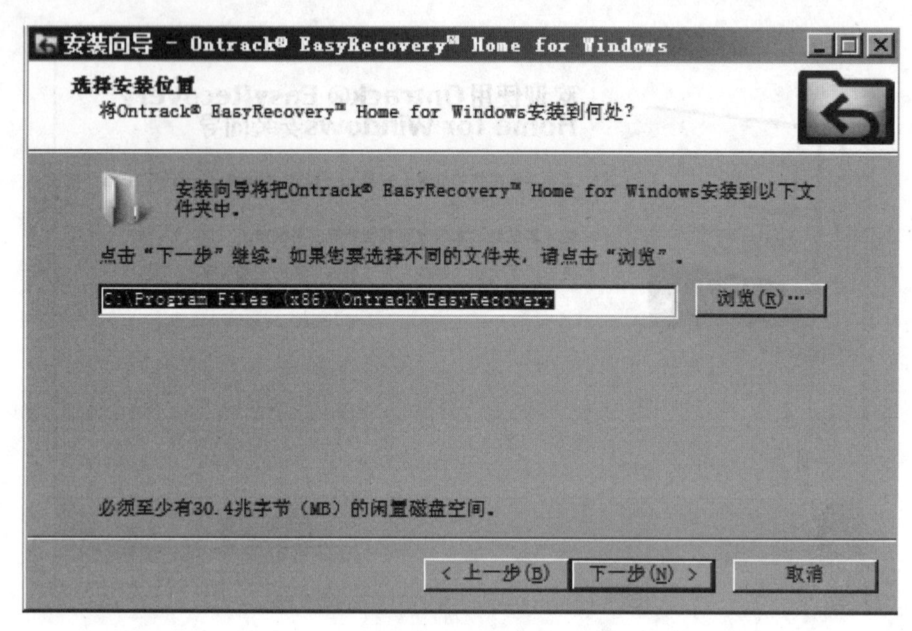


图 11.32 EasyRecovery 的安装路径

（5）确认 EasyRecovery 的开始菜单快捷方式存放的文件夹。这一项建议保留默认选项，无须修改。单击“下一步”按钮继续安装，如图 11.33 所示。

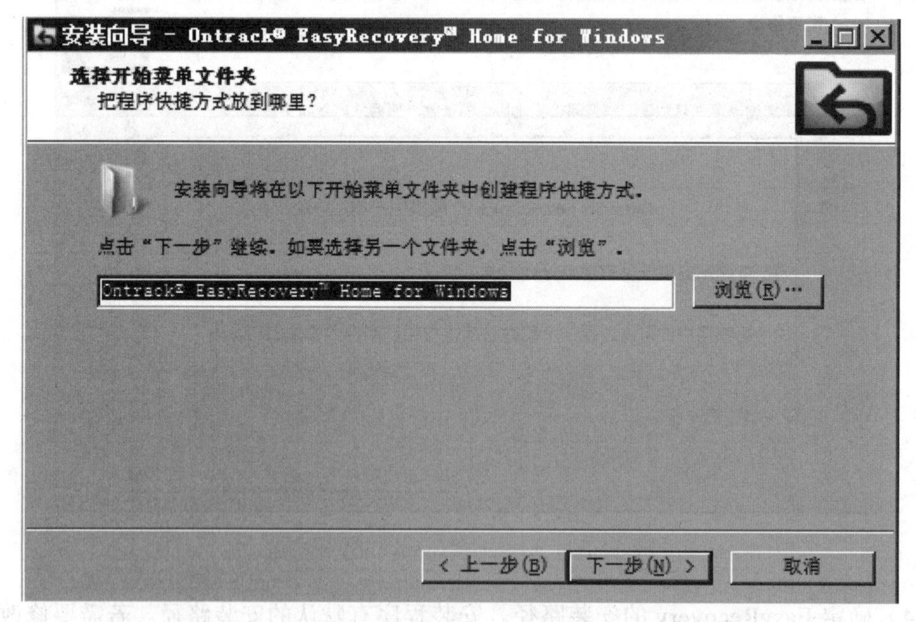


图 11.33 创建存放 EasyRecovery 快捷方式的文件夹

（6）选择 EasyRecovery 安装期间安装向导要执行的附加任务。如果需要创建桌面和快捷启动栏的快捷方式，则勾选相应选项；如果不需要，勾选取消即可。单击“下一步”按钮继续安装，如图 11.34 所示

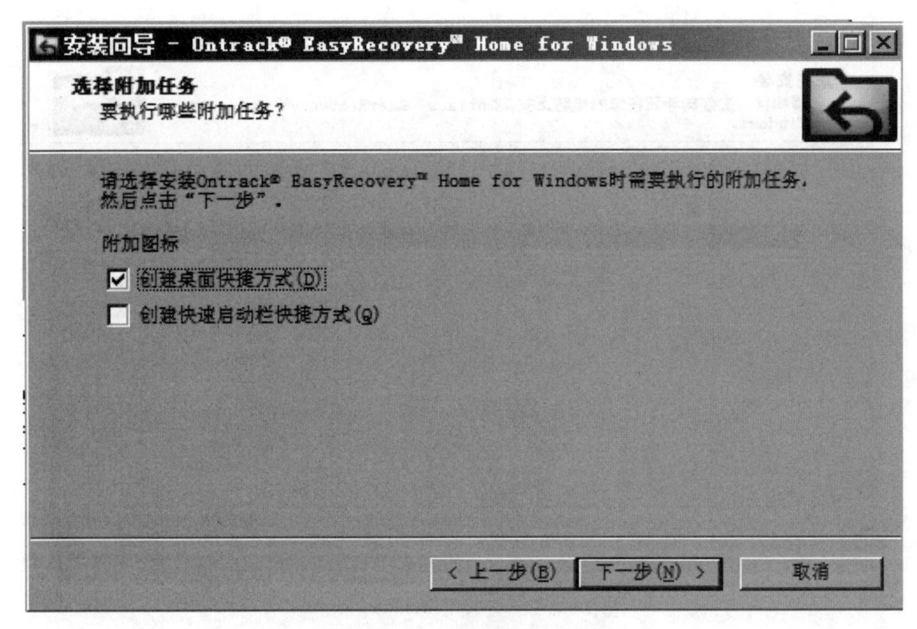


图 11.34　选择附加任务

（7）正式安装 EasyRecovery 前的最后一个步骤——确认安装位置、开始菜单文件夹和附加任务无误后，单击“安装”按钮，如图 11.35 所示

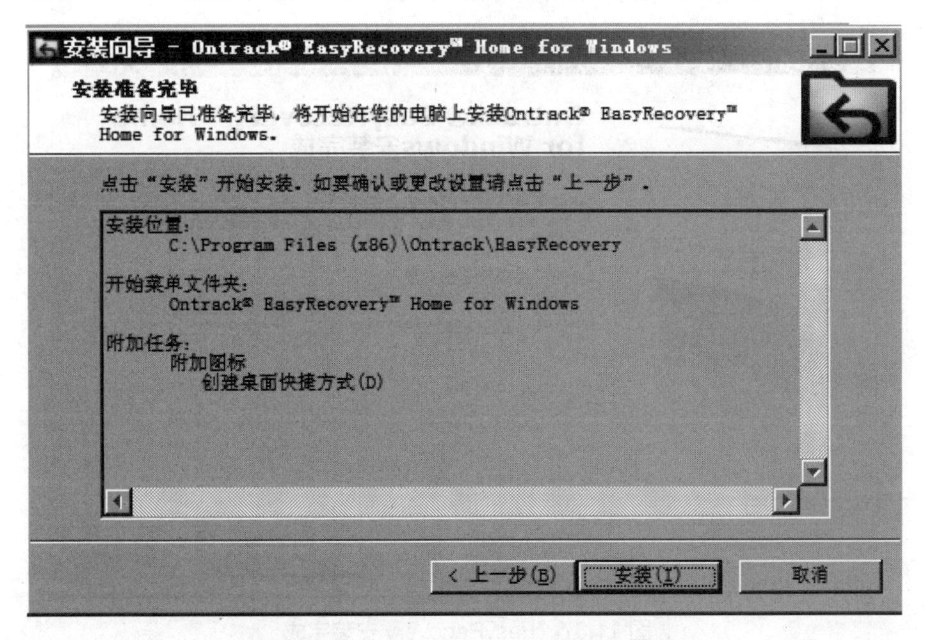


图 11.35　EasyRecovery 安装准备完毕

（8）安装 EasyRecovery，如图 11.36 所示。

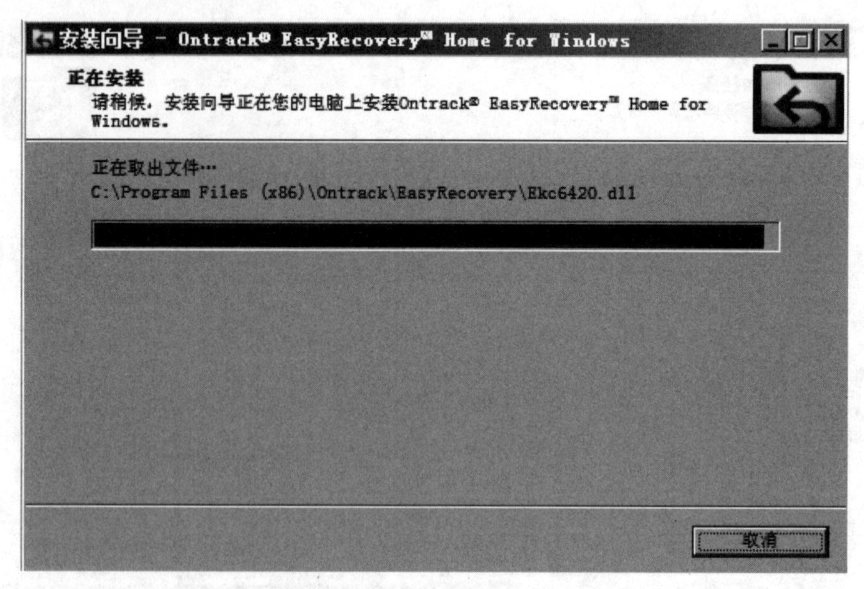


图 11.36　安装 EasyRecovery

（9）安装完成。此时，安装向导会提示 EasyRecovery 已经安装完成，单击“结束”按钮即可退出安装向导。此外，安装完成对话框中有一个勾选项，若勾选，则会在退出安装向导的同时运行 EasyRecovery；如果不需要马上运行，取消勾选即可。如图 11.37 所示。

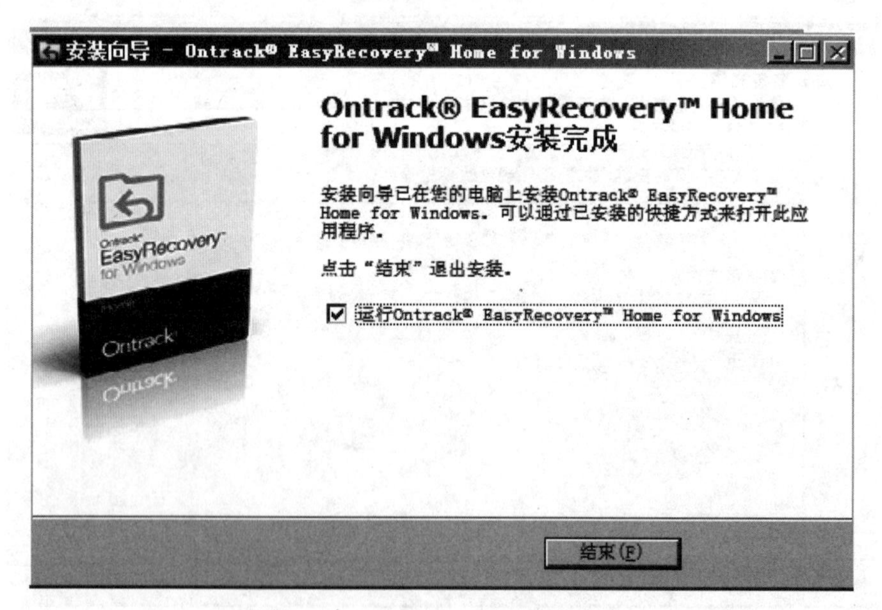


图 11.37　EasyRecovery 安装完成

## 2. EasyRecovery 恢复数据步骤

EasyRecovery 可以从连接到系统的硬盘驱动器或外部存储媒体中恢复已删除或丢失的数据，通过对所选卷或可移动介质执行恢复，几乎可以找到该卷的所有数据。其支持

NTFS，FAT，FAT16，FAT32 和 exFAT 文件系统。（初次可以使用 EasyRecovery 免费版）

（1）打开 EasyRecovery，从“选择恢复内容”界面中选择要恢复的数据类型，单击“下一个”按钮，如图 11.38 所示。

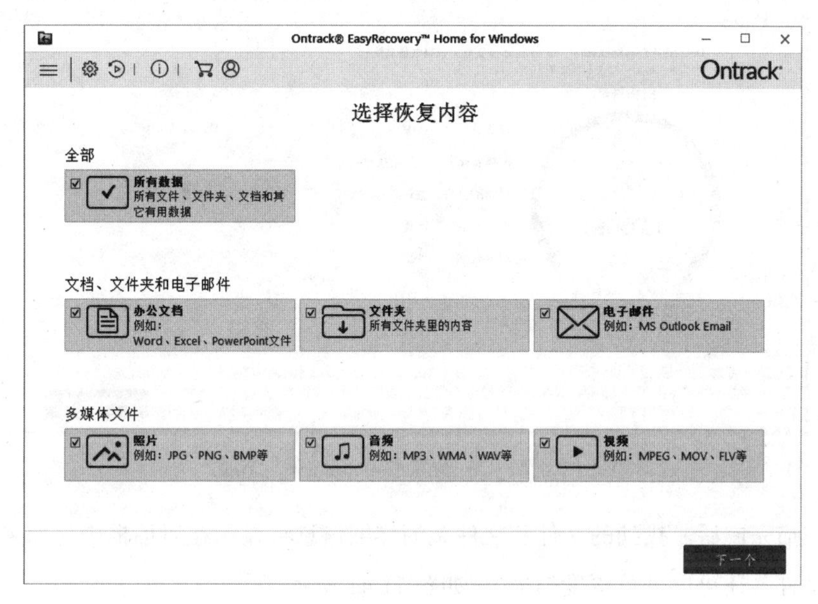


图 11.38　“选择恢复内容”界面

（2）进入“选择位置”界面，选择恢复数据的位置。如图 11.39 所示。

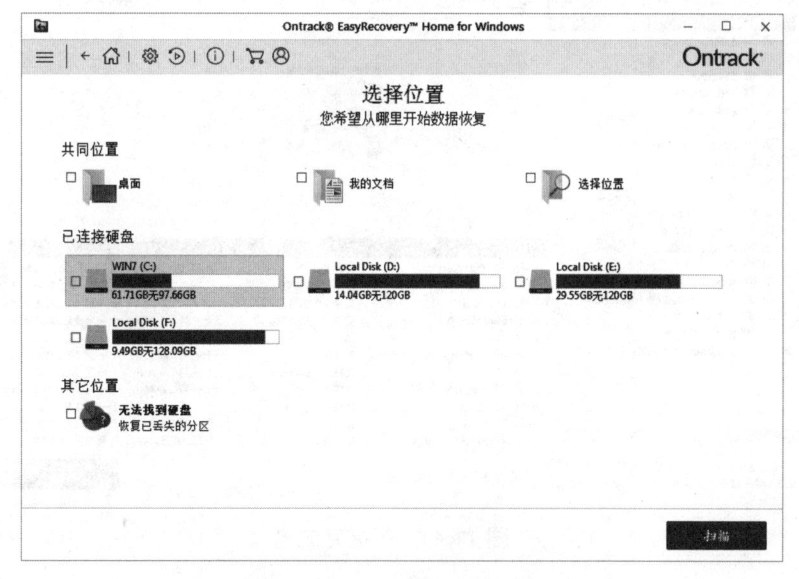


图 11.39　“选择位置”界面

（3）“查找文件和文件夹”界面中将显示扫描进度。单击“停止”按钮随时停止扫描，如图 11.40 所示。

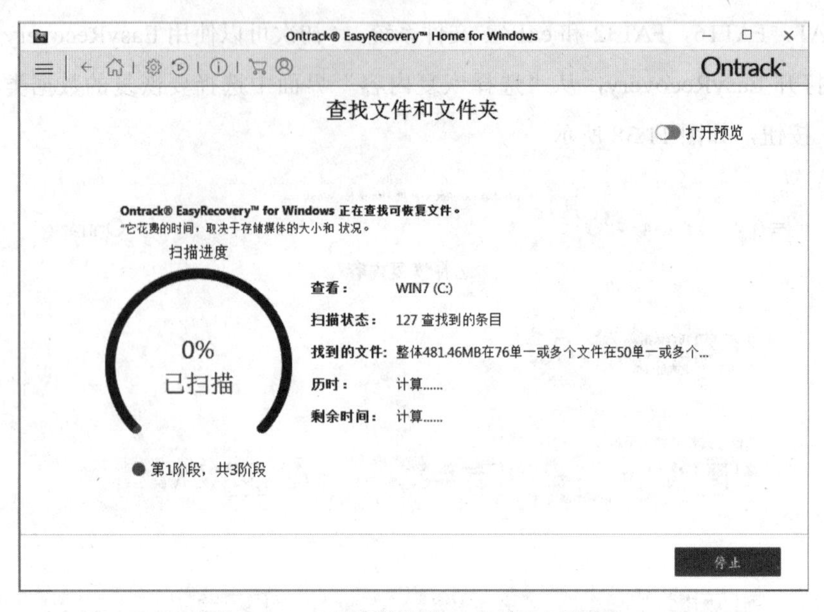


图 11.40 “扫描文件和文件夹”界面

（4）扫描完成后，找到的文件和文件夹的详细信息将显示在对话框中（如果没有找到要恢复的文件，还可以进行深度扫描），如图 11.41 所示。

图 11.41 扫描完成

（5）已删除的文件都已找出，选中要恢复的文件，单击右下角的“恢复”按钮，选择文件存储位置（建议不要保存在原来的位置），即可恢复文件，如图 11.42 所示。

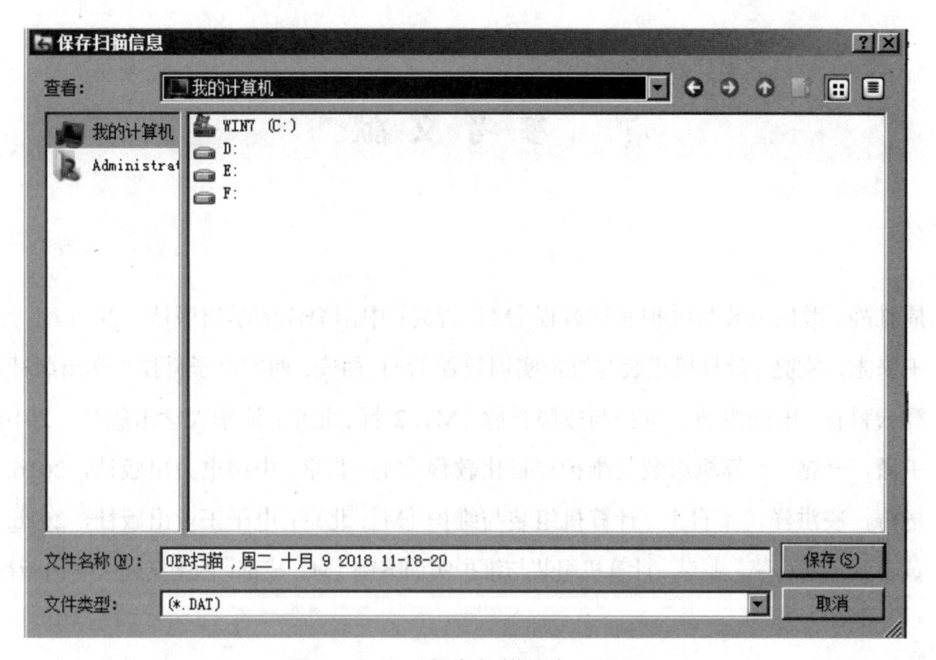


图 11.42　“保存扫描信息”界面

# 参考文献


［1］ 周雅静．微机组装与维护实训教程［M］．青岛：中国海洋大学出版社，2011.

［2］ 王来志，袁亮．计算机组装与维护实训教程［M］．西安：西安电子科技大学出版社，2017.

［3］ 智云科技．电脑组装、维护与故障排除［M］．2 版．北京：清华大学出版社，2016.

［4］ 王潇，马艳．计算机组装与维护项目化教程［M］．北京：中国电力出版社，2016.

［5］ 杨涛，凌洪洋，董自上．计算机组装与维护［M］．北京：电子工业出版社，2016.

［6］ 黄吉兰，朱莉萍，赵荣．计算机组装与维护实训案例［M］．成都：西南交通大学出版社，2015.